Canva

+AI

創意設計與
品牌應用
250招

關於文淵閣工作室
ABOUT

常常聽到很多讀者跟我們說：我就是看你們的書學會用電腦的。

是的！這就是寫書的出發點和原動力，想讓每個讀者都能看我們的書跟上軟體的腳步，讓軟體不只是軟體，而是提昇個人效率的工具。

文淵閣工作室創立於 1987 年，創會成員鄧文淵、李淑玲在學習電腦的過程中，就像每個剛開始接觸電腦的你一樣碰到了很多問題，因此決定整合自身的編輯、教學經驗及新生代的高手群，陸續推出「快快樂樂全系列」電腦叢書，冀望以輕鬆、深入淺出的筆觸、詳細的圖說，解決電腦學習者的徬徨無助，並搭配相關網站服務讀者。

隨著時代的進步與讀者的需求，文淵閣工作室除了原有的 Office、多媒體網頁設計系列，更將著作範圍延伸至各類程式設計、影像編修與創意書籍。如果在閱讀本書時有任何的問題，歡迎至文淵閣工作室網站或使用電子郵件與我們聯絡。

■ 文淵閣工作室網站　http://www.e-happy.com.tw

■ 服務電子信箱　e-happy@e-happy.com.tw

■ Facebook 粉絲團　http://www.facebook.com/ehappytw

總　監　製：鄧君如　　　責任編輯：鄧君如
監　　　督：鄧文淵・李淑玲　　執行編輯：黃郁菁・熊文誠・鄧君怡

本書學習資源
RESOURCE

本書內容是新手和進階玩家的最佳選擇，不藏私地分享設計關鍵技巧，無論是想使用免費版功能還是探索付費版高效智能應用，一起提升設計創意為品牌、項目增添獨特的魅力和價值。

✦ 取得各單元範例原始檔、完成檔

書中各單元範例素材與完成檔可從此網站下載：http://books.gotop.com.tw/ DOWNLOAD/ACU086400 下載檔案為壓縮檔，請解壓縮後再使用。

■ <本書範例> 資料夾中，檔案依各單元編號資料夾分別存放，各單元範例素材與完成檔又分別整理於 <原始檔> 與 <完成檔> 資料夾 ("線上範例資源" 的部分請參考下頁說明)：

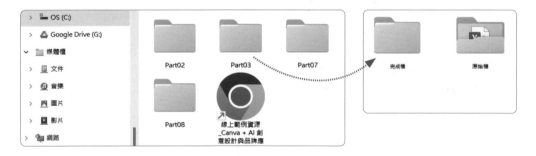

▼ 線上下載

本書完整範例檔請至下列網址下載：

http://books.gotop.com.tw/DOWNLOAD/ACU086400

其內容僅供合法持有本書的讀者使用，未經授權不得抄襲、轉載或任意散佈。

本書為方便大家練習各單元範例,已將每個 Tip 會使用到的 Canva 原始、完成專案以範本型式整理於 "線上範例資源" 頁面,如上頁說明下載並解壓縮 <本書範例> 資料夾後,即可開啟使用:

STEP 01 開啟 <本書範例> 資料夾,於 **線上範例資源_Canva + AI 創意設計與品牌應用** 網頁捷徑上連按二下滑鼠左鍵開啟網頁,再選按 **下一頁**。

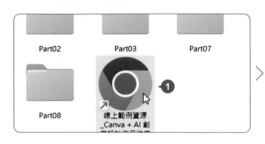 

STEP 02 選按單元名稱,該單元首先看到的是 "原始檔" 專案範本 ("完成檔" 在下一頁),可直接選按需要使用的 Tip 項目開啟範本頁面。

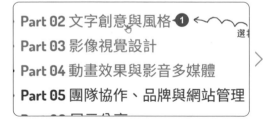 

STEP 03 選按 **使用範本建立新設計** 會開啟專案進入專案編輯畫面,即可以直接使用與練習。(開啟範本建立新設計,需登入 Canva 帳號才可使用。)

學習指引

STUDY GUIDE

本書內容以電腦瀏覽器搭配線上版 Canva 示範，結合社群平台常見的討論主題以及學校、企業單位研習、設計者實務狀況，透過 **設計力** 與 **職場力** 二大方向，以 Tip 導向式分類整理成八個單元，包含豐富的 Canva 免費版與付費版應用技巧 (付費版技巧會在各單元 Tip 標題上方以 👑 標註)。

另外，書本後方分別整理了 Windows 與 Mac 網頁版 Canva 快速鍵三折頁，方便學習 Canva 的同時，以快速鍵提升操作效率。

付費版技巧標註　　　作品操作前、後展示　　　　　　　　　　網頁版 Canva 快速鍵三折頁

頁碼　　小提示說明　　　　　　操作步驟

單元目錄

CONTENTS

▶ 設計力

Part 1 輕鬆上手
Canva 設計與專案管理

Part 2 文字創意與風格

影像視覺
設計

Part 4 動畫效果與影音多媒體

▶ 職場力

Part

5 團隊協作
品牌與網站管理

Part
6 展示分享

更多 AI 魔法創作 與應用

Part 8
Q & A
解答常見疑問

PART

01

輕鬆上手
Canva 設計與專案管理

Canva 免費版及付費版主要差異

Canva 免費版很好用！不過依其特性與創作需求，另有付費的 Pro、團隊版本與教育單位的版本可以使用。

Canva 可以免費使用，但如果想解鎖更多功能或素材，可以考慮付費訂閱成為 Pro 或團隊版本使用者。本書中會提到許多 Pro 與團隊版本中好用技巧，例如：影像背景移除、魔法橡皮擦、上傳字型、影片輸出 4K 高品質、AI 創意助手、品牌工具組...等，更全面的體驗 Canva 創意設計。

版本	Canva 一般	Canva Pro	Canva 團隊版
費用	免費	US $119.99 (年費)	US $300 (年費)
空間	5 GB	1 TB	1 TB
特色	• 超過百萬個免費範本 • 超過千種設計類型 • 超過 300 萬張免費照片和元素 • 邀請他人一起設計 • 可列印商品並送貨上門 • AI 設計工具	• 無限使用付費版範本，超過 1 億個付費照片、影片、音訊和元素 • 可使用 100 組品牌工具 (字型、顏色、標誌、圖示和影像) • 可調整設計的尺寸 • 可使用背景移除工具 • 可將影片片段與配樂同步 • 更多 AI 設計工具 • 可匯出 CMYK 格式與高規圖檔、影片檔。	除了擁有與 Canva Pro 相同的特色，還有以下專屬功能： • 可使用 300 組品牌工具 • 更多團隊權限，可指定擁有權轉移。 • 團隊協作與批准工作流程、活動記錄...等設計。 • 管理當前的意見回饋、進行編輯和集思廣益。 • 將團隊設計、簡報及文檔轉換為品牌範本。

更詳盡的說明，請參考 Canva 官網：「https://www.canva.com/zh_tw/pricing/」。(此資訊以官方公告為準)

Tip 2 Canva 開始使用

使用 Canva 前,需先註冊一組帳號才能開始使用,在此一步一步帶你完成
註冊動作,並熟悉主要畫面。

註冊帳號

STEP 01　開啟瀏覽器,於網址列輸入「https://www.canva.com/zh_tw/」,進入 Canva
網站,選按右上角 **註冊** 鈕,接著再選擇自己習慣的註冊方式,在此選按 **以
Google 繼續**。

STEP 02　依步驟完成帳號登入,接著詢問使用者身分,在此選按合適的項目即完成。(若
出現免費試用 Canva Pro 的訊息,選按右上角 **稍後再說** 略過。)

認識首頁

完成帳號註冊後自動進入 Canva 首頁，透過下圖標示，認識各項功能所在位置：

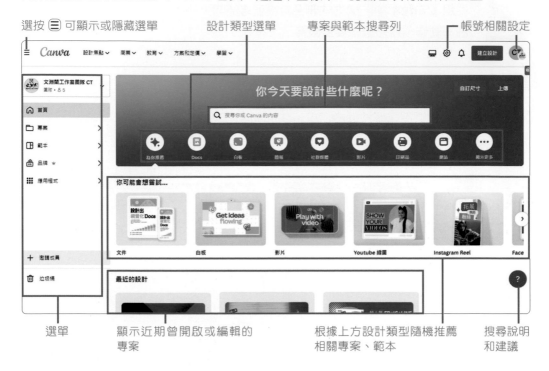

選按 ☰ 可顯示或隱藏選單　設計類型選單　專案與範本搜尋列　帳號相關設定

選單　顯示近期曾開啟或編輯的專案　根據上方設計類型隨機推薦相關專案、範本　搜尋說明和建議

範本資源

除了使用搜尋或是選擇設計類型開啟範本，於選單選按 **範本**，可依 **商務、社交媒體、影片、行銷**...等項目，篩選出最適合使用的範本，再選按該範本縮圖即可使用。

Tip 3 創意設計的第一步

利用各式範本，開始你的創意設計！進入 "專案編輯畫面" 會看到豐富的功能、媒體素材元素以及多樣輔助工具。

建立專案

於首頁的設計類型選單，選按類型項目，下方會出現該類型推薦主題及相關範本，於主題清單列選按最右側的 **>** 可出現更多主題，選按合適的主題即可建立該主題專案。

除了上述方式，也可選按畫面右上角 **建立設計** 鈕，清單中選按欲使用的類型，會依該類型特色與規格建立一個新的專案，也可以於上方的搜尋列輸入關鍵字尋找類型。

如果沒有適合的類型或尺寸，選按清單最上方 **自訂尺寸**，可以輸入需要的 **寬度**、**高度** 的值，建立專屬規格的專案。

專案編輯畫面

建立專案後，會開啟 "專案編輯畫面"，透過下圖標示熟悉各項功能：

返回　檔案　　　復原　顯示或隱藏　　　　　　　　　　　　專案　　　　　預覽　專案分享
首頁　相關設定　重做　側邊欄　　工具列　編輯頁面　　　名稱　帳號　　播放　及輸出

標籤　　　　　側邊欄　　　　備註　頁面清單　　選按 ⌄ 可顯示　　時間軸縮放　　網格檢視
　　　　　　　　　　　　　　　　　　　　　或隱藏頁面清單　　　　　　　　　以全螢幕顯示

檔案功能與雲端自動儲存

選按 **檔案**，可依作業需求提供尺規、輔助線、邊距...等功能設定，此外部分功能有 ◎ 圖示，表示該功能需付費訂閱才能使用。

由於 Canva 採雲端作業，操作過程都會自動儲存專案，可以於選單列透過 ◎ 圖示確認是否儲存；或選按 **檔案**，清單中檢查 **儲存** 項目右側是否有顯示 **已儲存所有變更**。(若出現無法正確儲存...等訊息，需檢查網路連線是否正常。)

側邊欄索引標籤

專案編輯畫面左側的側邊欄，預設只有 **設計、元素、文字、品牌、上傳、繪圖、專案、應用程式** 索引標籤，可依以下操作方式增加或減少：

STEP 01 側邊欄選按 **應用程式**，捲軸稍往下捲動，清單中選按欲開啟的項目，在此選按**照片**。(除了基本項目外，清單還有更多第三方功能可運用。)

STEP 02 **照片** 即會顯示在索引標籤中，依相同方法，只要於 **應用程式** 選按其他項目，就會一一顯示在索引標籤。

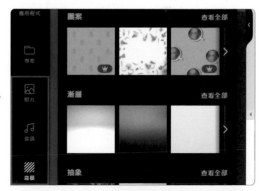

STEP 03 想隱藏索引標籤上不常用的項目時，可以選按該項目，再於左上角選按 ✕。

頁面檢視方式

建立專案過程中,可以切換不同的頁面檢視比例或方式,方便操作與適時做出調整。

◉ **顯示比例**:可以透過頁面右下角滑桿左右拖曳,放大或縮小設計頁面,以符合最適顯示比例;或選按 **縮放**,套用清單中提供的百分比數值,或 **符合畫面大小**、**填滿畫面** 設定。

◉ **頁面清單** (或時間軸):在頁面底部選按 ⌄ 可顯示或隱藏頁面清單,頁面清單中會顯示該專案的所有頁面縮圖,可以輕鬆在頁面之間選按切換;也可以利用拖曳方式,快速調整頁面順序。

● **網格檢視**：畫面右下角選按 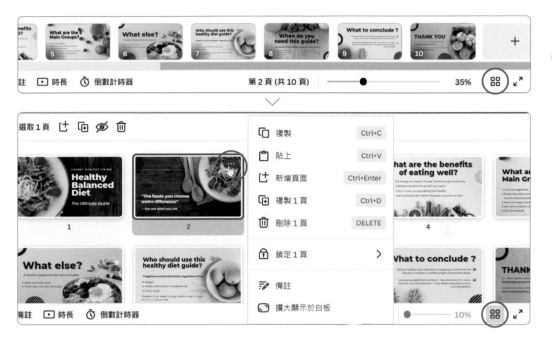 可切換至 **網格檢視**，輕鬆管理頁面。選按 **網格檢視** 頁面縮圖右上角 ，可以新增、複製、刪除與隱藏頁面；也可以利用拖曳方式，快速調整頁面順序；若要返回編輯畫面可選按 關閉網格檢視。

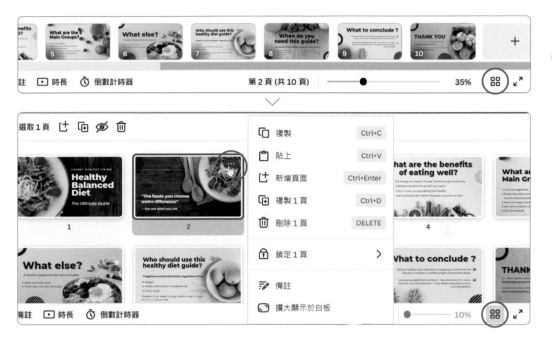

● **全螢幕顯示**：頁面右下角選按 可切換至全螢幕模式 (或按 Ctrl + Alt + P 鍵)，按一下滑鼠左鍵可跳至下一頁；或按 ↑ 、 ↓ 、 ← 、 → 可前後翻頁。展示過程中可按 Esc 鍵；或選按右下角 結束全螢幕顯示。

4 快速找尋、篩選主題式設計範本

Canva 提供了豐富多樣的主題式範本，無論是社交媒體貼文，還是業務項目專業設計，都能找到合適的選擇。

要充分發揮範本的優勢，必須以準確的方式尋找並篩選出最合適的範本，以下分享幾種方式，只要掌握其中的技巧，就能快速完成引人注目地專案作品。

以關鍵字找尋並開啟

STEP 01 回到首頁，於上方搜尋列輸入範本關鍵字，選按 **範本** 標籤，再選按 **查看全部**。

STEP 02 會開啟 **範本** 頁面，並依關鍵字提供各種設計需求與不同尺寸的範本，選按合適的範本縮圖會開啟專頁，再選按 **自訂此範本** 鈕即可在專案編輯區中開啟使用。

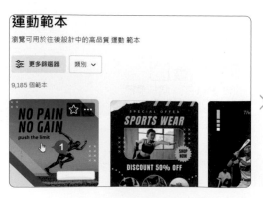

以類別篩選

於 **範本** 頁面上方，選按 **類別** 清單鈕，可選按合適的類別項目，再於該類別選按範本類型。

以更多條件篩選

於 **範本** 頁面上方，選按 **更多篩選器** 鈕，更精準的針對格式、風格、主題、功能、年級、顏色...等項目指定篩選條件，最後選按 **套用** 鈕套用。

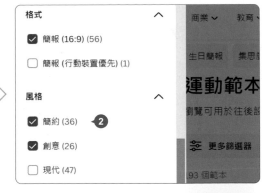
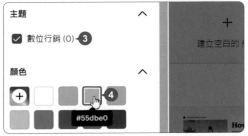
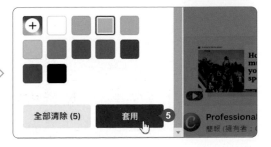

專案中篩選範本

除了前面提到於 **範本** 頁面找尋與篩選範本，進入專案編輯畫面中，仍可藉由側邊欄快速找到範本套用。但要注意一點，若進入專案編輯畫面找尋範本套用，則僅會顯示與目前專案尺寸相同的範本，不符合則自動排除。

STEP 01 進入專案編輯畫面，側邊欄選按 **設計**，同樣可於搜尋列輸入關鍵字找尋同目前專案尺寸的範本。

STEP 02 選按搜尋列右側 ⚙ 可開啟篩選器，選按 **顏色** 下方色塊，再於編輯區任一處按一下滑鼠左鍵關閉篩選器，會發現清單中顯示的範本設計，多多少少都會包含所指定的顏色。

STEP 03 除了顏色篩選，還可以藉由 **語言** 篩選範本，指定語言後，清單中會顯示該語系的範本設計。(選按 ⚙ \ **全部清除**，可清除篩選器中的設定)

收藏範本及元素

Canva 提供了 **標記星號** 功能,輕鬆將喜愛的範本與元素加入收藏清單,方便設計時快速取得和使用,省去了不必要的找尋時間。

收藏範本頁中的範本

STEP 01 回到首頁 **範本** 頁面,將滑鼠指標移至範本縮圖上方,選按 ⭐,當呈 ⭐ 狀即完成星號標記。

STEP 02 回到首頁,於左側選單選按 **專案 \ 資料夾** 標籤 \ **已標記星號**,資料夾中即會看到剛剛標註星號的範本。

收藏專案中的範本與元素

STEP 01 進入專案編輯畫面，側邊欄選按 **設計**，將滑鼠指標移至範本縮圖上方選按 **···** \
標記星號；另外，側邊欄 **元素** 中部分素材也可以藉由相同的方式標記星號。

STEP 02 側邊欄選按 **專案 \ 資料夾 \ 已標記星號**，資料夾中會看到剛剛標註星號的範本
與元素。(在專案中標記星號的範本與元素，會收藏在 **已標記星號** 資料夾中，
開啟其他專案仍可看到這些收藏。)

6 輕鬆分類整理元素、專案與媒體素材

Tip

設計完成的專案作品、上傳的照片、影片素材媒體，以及喜愛的元素，均可透過資料夾輕鬆分類整理，方便下次快速瀏覽並使用。

將元素新增至指定資料夾

建立專案過程，搜尋到合適元素、照片、影片...等項目時，除了直接套用或標記星號，也可以新增至指定資料夾分類整理。

STEP 01 於專案編輯畫面，將滑鼠指標移至元素縮圖上，選按右上角 **...** \ **新增至資料夾**。

STEP 02 選按 **全部** \ **你的專案**，若已建立資料夾可直接選按合適的資料夾；或於清單下方選按 **+建立新資料夾**，輸入資料夾名稱，選按 **新增至資料夾** 鈕，

設計力

01

輕鬆上手 Canva 設計與專案管理

1-15 ■

排序專案資料

STEP 01 回到首頁，於左側選單選按 **專案 \ 設計** 標籤，可瀏覽所有專案設計作品，預設會依專案的相關性排序。

STEP 02 於 **專案** 頁面右上角，選按排序方式 **最相關內容**，再選按合適的排序方式；另外，可以選按右側 ▤ 鈕，切換為 **以清單形式檢視**，更清楚了解每個專案的擁有者、類型與最近一次編輯時間...等資訊。

全部	資料夾	設計	品牌範本	影像	影片		
名稱 ⇅				擁有者	類型		最近一次編輯： ↓
White Purple Simple Sporty Fashion Presen...				--	簡報		1 小時前
產品說明				--	簡報		20 小時前

管理或救回被刪除的專案

回到首頁，於左側選單選按 **專案**，建立的專案都會自動儲存並整理在此畫面中。將滑鼠指標移至專案縮圖上，選按右上角 [...]，清單中提供專案更名、**建立複本**、**移至資料夾**、**分享** 或 **移至垃圾桶**...等管理功能。

如果欲還原之前刪除的專案，於左側選單最下方選按 **垃圾桶**，可看到被刪除的專案，將滑鼠指標移至專案縮圖上，選按右上角 [...] \ **還原** 即可。(也可以選按 **影像** 或 **視訊** 標籤還原刪除的照片及影片媒體素材)

─ **小提示** ─

刪除的專案可以保留多久？

刪除的專案設計會存放在垃圾桶 30 天，這期間都可以復原，超過期限即會自動刪除，如果想提早從垃圾桶移除，可選按右上角 [...] \ **永久刪除**。

"魔法切換" 改變專案尺寸與類別

Canva 付費版本可使用 **調整尺寸與魔法切換開關** 功能,輕鬆地調整專案作品的尺寸與類別,讓原有專案快速適用各式平台與作品規格。

● **調整為自訂尺寸**:於專案編輯畫面,上方工具列選按 **調整尺寸與魔法切換開關 \ 調整尺寸 \ 自訂尺寸**,指定尺寸單位、寬度、高度,再選按 **繼續** 鈕,最後選擇以新專案呈現還是直接調整此專案尺寸。

● **依類別調整尺寸並同時轉換類別**:於專案編輯畫面,上方工具列選按 **調整尺寸與魔法切換開關 \ 調整尺寸**,清單下方選擇要轉換的類別項目以及相關選項 (每個選項下方會標註尺寸),再選按 **繼續** 鈕,最後選擇以新專案呈現或直接調整此專案尺寸。

上傳格式限制與需求

設計 Canva 專案時,想要上傳自己的照片、影片或是自製影像嗎?上傳前請先參考以下說明,了解支援哪些格式或是上傳空間有什麼限制。

	Canva 免費版	Canva 教育版 Canva 非營利組織	Canva Pro Canva 團隊版
上傳 空間	5 GB	100 GB	1 TB
影像	支援 JPEG、PNG、HEIC/HEIF、WebP 檔案格式,檔案需小於 25 MB,尺寸不可超過 1 億像素 (寬度 x 高度),WebP 只支援靜態圖片。 支援 SVG 檔案格式,檔案需小於 3 MB,寬度為 150~200 像素。		
音訊	支援 M4A、MP3、OGG、WAV、WEBM 檔案格式。 檔案需小於 250 MB。		
影片	支援 MOV、GIF、MP4、MPEG、MKV、WEBM 檔案格式。 檔案需小於 1 GB,如果介於 250 MB ~ 1 GB 之間,免費版本的使用者將會被要求壓縮檔案。		
字型	Canva Pro、Canva 團隊版、Canva 教育版、Canva 非營利組織版,以上使用者皆可上傳字型,需確認具嵌入的授權。 支援 Opne Type (.otf)、True Type (.ttf)、Web 開放格式 (.woff) 字型,每個品牌工具組 (使團體設計維持一致的設定) 最多可以上傳 500 種字型。		
其他	支援 Adobe Illustrator 的 .ai 檔案格式,檔案小於 30 MB,每個檔案不超過 100 個畫板,需為 PDF 相容格式檔案,沒有圖層、漸層或遮罩。 支援 PowerPoint (.pptx) 檔案格式,檔案小於 70 MB,不能含有圖表、SmartArt、漸層、3D 物件、文字藝術師、表格或圖樣填滿的內容。 支援 Word (.doc 或 docx) 檔案格式,檔案小於 100 MB;支援 PDF 檔案。		

更詳盡的說明,請參考 Canva 官網:「https://www.canva.com/zh_tw/help/upload-formats-requirements/」。

網頁版和桌面版的差異

Tip 9

Canva 電腦操作模式提供：網頁版和桌面版兩種使用介面，其操作方式完全相同，可依個人使用習慣選擇。

大部分 Canva 使用者都使用網頁版著手設計專案作品，因為網頁版與桌面版本同樣需要透過網路，以取得設計素材、元素以及專案儲存與同步管理，在操作介面上也完全相同；然而網頁版只要於瀏覽器開啟 Canva 官方網站即可開始使用，不需要安裝。

但若你需要一個脫離瀏覽器的 Canva 專屬環境介面，即可下載與安裝桌面版 Canva，桌面版 Canva 僅能安裝於 Windows 10 (及以上) 或 MacOS 作業系統。可直接於 Canva 首頁選按 **下載應用程式**，下載並安裝後選按 **透過瀏覽器登入** 鈕，藉由同一帳號同步登入。

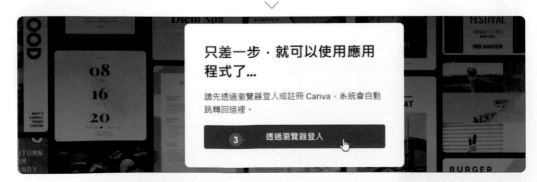

PART

02

文字創意與風格

1 純文字資料大量建立，單一款式設計

大量建立 是利用 Canva 專案與資料連接，可在相同設計頁面快速插入規則性的資料內容，類似 **Word 合併列印** 效果。 (首次可免費試用 30 天)

BEFORE   **AFTER**

STEP 01 開啟專案，先安排要套用大量資料的文字方塊位置，也先設計好字型、大小及其他樣式 (此範例已預先建立 "這是標題"、"這是內文" 與 "這是頁碼" 三個文字方塊)。

STEP 02 側邊欄選按 **應用程式 \ 大量建立**，再選按 **上傳 CSV** 鈕，於對話方塊選擇要套用大量建立的檔案 (只能上傳 CSV 格式檔；可使用 Excel 建立再另存為 CSV UTF-8 格式檔即可。)，接著選按 **開啟** 鈕。

STEP 03 於要建立連接的文字方塊上按一下滑鼠右鍵 (在此示範 "這是標題")，清單選按 **連接資料**，再選按要連接的資料項目。

STEP 04 以相同方式完成 "這是內文" 與 "這是頁碼" 文字方塊的連接後，側邊欄選按 **繼續** 鈕。

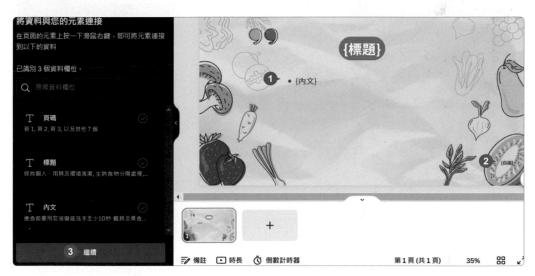

─小提示─

以 Excel 整理資料該注意的事

以 Excel 建立資料檔內容時，第 1 列資料是項目的名稱，最多可以 15 個項目 (例如："姓名")，第 2 列開始為項目對應的內容 (例如："王小明")，存檔時 **存檔類型** 要選擇 **CSV UTF-8 (逗號分隔)(*.csv)**，匯入 Canva 時才不會呈現亂碼 (或參考下個 tip 示範，以複製的方式取得資料)。

STEP 05 側邊欄核選要套用的資料項目 (可核選 **選取全部** 選取所有頁面)，再選按 **產生 ** 個設計** 鈕。

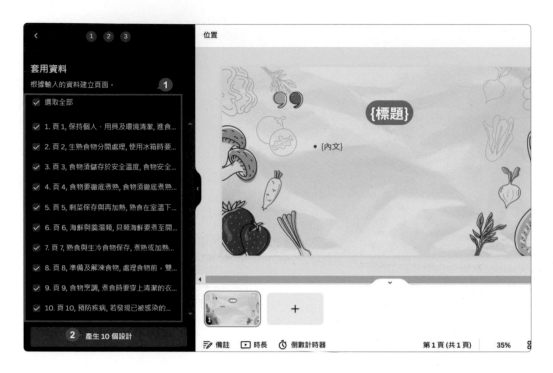

STEP 06 會產生新的專案，並已套用 CSV 中的大量資料，完成多頁單一款式簡報設計。

2 圖、文資料大量建立，多款式設計

大量建立 除了套用單一設計頁面，也可套用於多款式設計頁面，還可以加入指定圖片。

BEFORE   **AFTER**

STEP **01** 開啟專案，先安排要套用大量資料的文字方塊位置，也先設計好字型、大小及其他樣式。

STEP **02** 側邊欄選按 **上傳 \ 上傳檔案**，按 Ctrl 鍵，選取欲上傳的圖片檔案，再選按 **開啟** 鈕，完成後即可於 **影像** 標籤中看到。

STEP 03 側邊欄選按 **應內程式 \ 大量建立**，再選按 **手動輸入資料** 鈕，開啟 **新增資料** 視窗。

STEP 04 開啟資料檔案，在此開啟範例原始檔 <02-02.xlsx>，如下圖選取資料後，按 Ctrl + C 鍵複製資料，回到 Canva 於 **新增資料** 視窗，如圖選按最左側項目名稱方格，再按 Ctrl + V 鍵貼上資料。

STEP 05 新增影像欄位：選按 **新增影像**，輸入項目名稱，選按項目名稱下方的方格，清單中選按該列對應影像。

	T 編號	T 姓名	T 性別	T 地址	T 電話	⊠ 影像
1	A01	徐冠君	先生	506 彰化縣福興鄉县	0957-828423	＋
2	A02	陳妙方	小姐	115 臺北市南港區忠	09	
3	A03	林淑汝	小姐	600 嘉義市西區保安	09	
4	A04	廖育佐	先生	251 新北市淡水區新	09	A01.jpg

新增文字 **新增影像**　　　　**新增資料**

STEP 06 依相同的方法指定每列對應的影像，最後選按右下角 **完成** 鈕。

STEP 07 於要建立連接的文字方塊上按一下滑鼠右鍵，清單選按 **連接資料**，再選按要連接的資料項目，以相同的方法完成其他文字方塊的連結。

STEP 08 於第二頁要建立連接的邊框元素上按一下滑鼠右鍵，清單選按 **連接資料**，再選按要連接的影像項目。(只有插入 **元素 \ 邊框** 元素才可以連結影像)

STEP 09 以相同方式完成其他文字方塊與相對應資料項目連接後，側邊欄選按 **繼續** 鈕。

STEP 10 側邊欄核選要套用的資料項目 (可直接核選 **選取全部**)，再選按 **產生 ** 個設計** 鈕。

STEP 11 會產生一個新的專案，並已套用大量資料，完成多頁信封標籤與邀請卡設計。

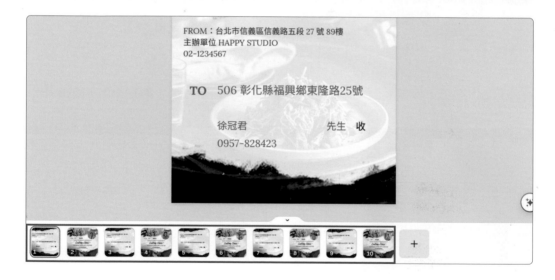

小提示

可以連結影像的元素

設置版型的時候，想要預留影像的位置，只能使用 **元素 \ 邊框** 元素才能在大量建立時連結影像。

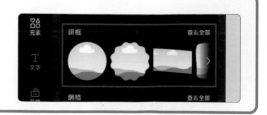

大量文字翻譯

Tip 3

Canva 可翻譯整分專案、整頁文字或目前頁面選取的文字，並可指定要於原設計直接翻譯或將翻譯結果以新頁面呈現。

BEFORE **AFTER**

別再找理由不運動！
規律運動 3 大好處

1. 增強身體健康：運動可以增強身體的免疫力，降低患病風險，並有助於維持健康的體重和體型。
2. 改善心理健康：運動有助於釋放身體內的內啡肽和多巴胺等化學物質，這些化學物質有助於改善情緒，減少壓力和焦慮。
3. 增進社交關係：運動可以幫助您與他人建立聯繫，例如參加運動俱樂部或健身課程，此外，運動還可以增進自信心和自我價值感。

Stop looking for reasons not to exercise!
3 benefits of regular exercise

1. Improves physical health: Exercise can strengthen the body's immunity, reduce the risk of disease, and help maintain a healthy weight and shape.
2. Improves mental health: Exercise helps release chemicals like endorphins and dopamine in the body, which help improve mood and reduce stress and anxiety.
3. Improve social connections: Exercise can help you connect with others, such as joining a sports club or fitness class, and it can also increase your self-confidence and sense of self-worth.

STEP 01　開啟專案，選取任一文字框，選按文字框工具 \ ⋯ \ **翻譯文字**。(免費帳號可以用 50 次，付費帳號為 500 次 / 每月)

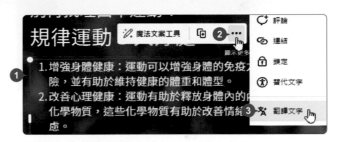

STEP 02　於 **翻譯** 標籤選擇 **譯文語言** 及翻譯範圍 (**選擇頁** 或 **目前選取的文字方塊**)，於 **套用至頁面** 選擇頁數 (或核選 **總頁數**)，再選按 **完成** 鈕。

STEP 03 於 **設定** 標籤核選 **翻譯時複製頁面**，這樣就會保留原有頁面並使用複製頁面來翻譯文字。

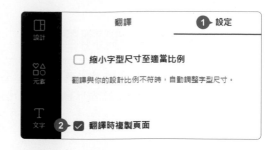

STEP 04 再於 **翻譯** 標籤選按 **翻譯** 鈕，開始翻譯。

STEP 05 待完成後會於原專案中，插入翻譯頁面 (頁面名稱會以 (譯文) 標示)，若不滿意翻譯結果，可依相同方式重新再翻譯。於側邊欄 **翻譯** 標籤最下方可看到目前所剩的翻譯次數。

小提示

將翻譯頁面產生於新專案

Canva 付費帳號在專案編輯區上方工具列選按 **調整尺寸與魔法切換開關 \ 翻譯** 再依步驟選擇譯文語言與套用方式後，可將翻譯結果產生至新專案。

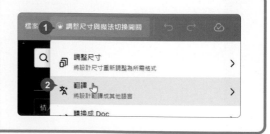

上傳字型

Canva 專案範本大多數的文字設計都是套用英文字體，如果找不到合適的字型或是公司指定字型，可以自行上傳。

BEFORE　　　　　　　　　　　　　　　　　　　　　　　　　**AFTER**

STEP 01　專案中選按文字方塊，工具列選按 **字型** 開啟側邊欄，於 **字型** 標籤最下方選按 **上傳字型**。

STEP 02 選擇字型檔案後選按 **開啟**，上傳完成即可於側邊欄 **字型** 標籤 \ **上傳的字型** 中找到並套用該字型。(支援的字型檔案格式分別有以下這些：*.woff、woff2、*.otf、*.otc、*.ttf、*.tte。)

－小提示－

為何無法上傳字型？

上傳字型時須確認以下幾點才能上傳及使用字型：

- **帳號版本**：必須是 Canva Pro、Canva - 團隊版、Canva - 教育版和 Canva - 非營利組織版。

- **上傳者的身份**：必須是擁有者、管理員和品牌設計師。

- **字型檔案格式**：必須為 OTF、TTF 或 WOFF 格式。

- **授權問題**：字型必須有嵌入授權。如果無法確定，請詢問字型供應商，或確認是否需要取得正確的授權或檔案版本。

- **超過可上傳數量**：每個品牌套件最多可上傳 500 個字型。

Tip 5 可商用免費的字型介紹

除了 Canva 內建字型，也可以下載其他開放可商用的免費字型，再依前一個 Tip 說明上傳，使用前除了注意版權說明，也要注意格式是否可使用。

國發會提供的中文 "全字庫" 不限目的、時間及地域，免授權金使用，但需標明使用全字庫字型 (授權說明：https://www.cns11643.gov.tw/pageView.jsp?ID=59&SN=&lang=tw)，可以於政府開放資料平台「https://data.gov.tw/dataset/5961」下載。

⌂ / 資料集 / CNS11643中文標準交換碼全字庫(簡稱全字庫)

CNS11643中文標準交換碼全字庫(簡稱全字庫)

縮檔，內容包含全字庫字型、屬性資料及中文碼對照表三部分，其中全字庫字型提供明體、正宋體及正楷體3種；屬性資料則涵蓋注音、倉頡、
BIG5、Unicode、電信碼、地政自造字、財稅內碼、稅務碼及工商自造字等7種中文內碼對照

評分此資料集：

"思源黑體"、"思源宋體" 是 Adobe 與 Google 開發的開放原始碼字型，供個人與商業上使用，可分別於「https://fonts.google.com/noto/specimen/Noto+Sans+TC」、「https://source.typekit.com/source-han-serif/tw/」下載。

另外，"翰字鑄造 JT Foundry" 推出免費字型 "台北黑體"，適用個人及商業用途，不論做海報、平面設計都非常適合，另外像是做為影片字幕，不但好看且不缺字，更不用擔心版權問題，於「https://s.yam.com/KueuZ」可依循指示下載。

(以上介紹的可商用字型其授權條款及細則不盡相同，相關授權方式以官方說明為主，使用時需先主動了解。)，更多資料與連結，可於本書線上範例資源頁面取得。

6

Tip

複製文字與元素樣式

專案中設計好的文字與元素樣式以及動畫效果，可以輕鬆複製並套至專案中其他文字與元素，快速完成作品。

BEFORE   **AFTER**

STEP 01　開啟專案，選按要設定樣式的文字方塊，接著於工具列調整樣式與套用動畫 (此範例修改 **字型**、**文字顏色**、**效果** 與 **動畫**)。

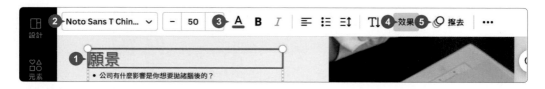

STEP 02　於已經設定好樣式的文字方塊上按一下滑鼠右鍵，選按 **複製樣式**，滑鼠指標呈 狀，移至欲套用的文字方塊上按一下滑鼠左鍵，即可為其套用相同的樣式與動畫。

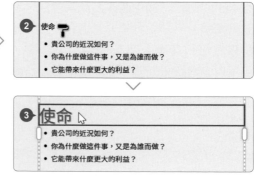

STEP 03　如果要繼續複製樣式，只要先選取要套用樣式的文字方塊，按 `Ctrl` + `Alt` + `V` 鍵就可以套用剛剛複製的樣式。

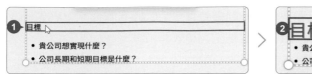
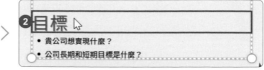

STEP 04　依相同的方式，也可以跨頁套用樣式，選擇該頁後，再選取要套用樣式的文字方塊，按 `Ctrl` + `Alt` + `V` 鍵就可以套用剛剛複製的樣式。

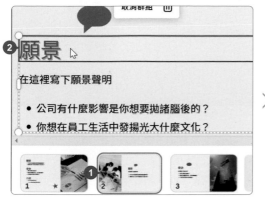
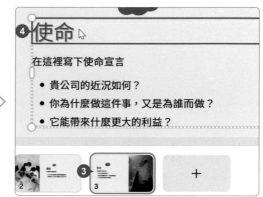

STEP 05　依相同方式完成形狀元素樣式與動畫的套用：於已經套用好動畫的元素上按一下滑鼠右鍵，選按 **複製樣式** (或按 `Ctrl` + `Alt` + `C` 鍵)，滑鼠指標呈 狀，切換至其他頁面要套用樣式與動畫的形狀元素上按一下滑鼠左鍵即完成複製樣式的操作。

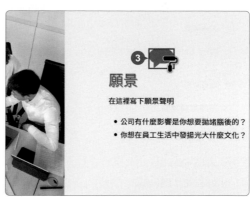

一次變更指定的文字字型與顏色

設計過程中，不斷調整文字字型和顏色費時費力。Canva 專案可以輕鬆一次性變更指定的字型與顏色，讓設計過程更加高效和精確。

BEFORE   **AFTER**

變更專案全部的字型

開啟專案，先選按要變更設定的文字方塊，再選按 **字型** 開啟側邊欄，選按要變更的字型，再選按 **全部變更** 鈕，即可將整份專案中該字型全部變更為指定的字型。

變更專案全部的文字顏色

選取要變更的文字方塊，工具列選按 **文字顏色** 開啟，側邊欄選按要變更的顏色，再選按 **全部變更** 鈕，即可將整份專案中該顏色的文字全部變更為指定的顏色。

小提示

更多的字型選項

若字型左側有 ⟩ 表示該字型有提供其他字型樣式，可以選按 ⟩ 展開清單後，再選按合適的樣式使用。

8 多重文字陰影設計

透過不同的設定和樣式修改,輕鬆設計出多重效果的文字陰影,為文字增添更多變化。

BEFORE　　　　　　　　　　　　　　　　　　　　**AFTER**

canva ▶ canva

STEP 01 開啟專案,選取要增加陰影的文字方塊,工具列選按 **效果** 開啟側邊欄,選按 **陰影**,調整 **模糊化** 與 **透明度** 的值,再變更 **顏色** 讓文字下方呈現淺粉色陰影。

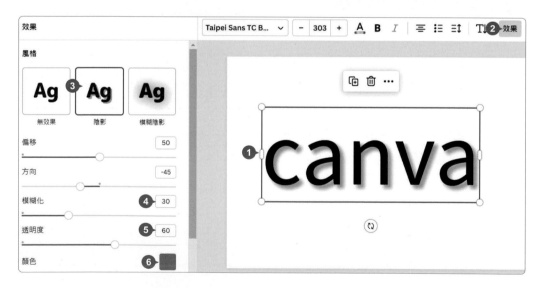

STEP 02 選按 🔂 複製文字方塊，再移動到如下圖位置。

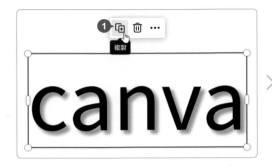 

STEP 03 側邊欄設定 **偏移**、**模糊化** 與 **透明度** 的值 (若側邊欄未開啟，可於工具列選按 **效果**)，再變更 **顏色**，讓文字下方呈現藍綠色的實線陰影。

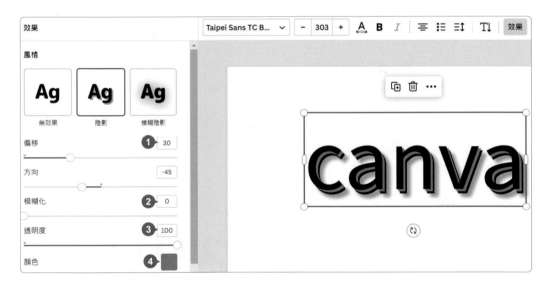

小提示

更多文字效果

Cnava 的文字效果有十一種，包括：**空心**、**出竅**、**外框**、**双重陰影**、**色階分離**、**霓虹燈**...等，每一個樣式都有不同的效果可供調整，也可以如同此範例交疊使用，做出更多不同的文字效果變化。

9 波浪文字設計

波浪文字可為作品注入動感與活力，這種獨特風格適用於潮流、藝術或任何需要突顯動態感的設計。

BEFORE

AFTER

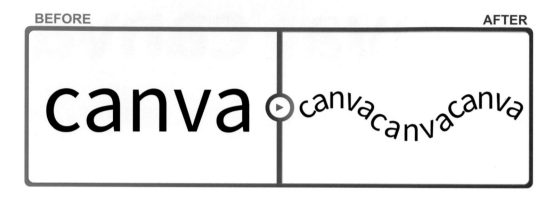

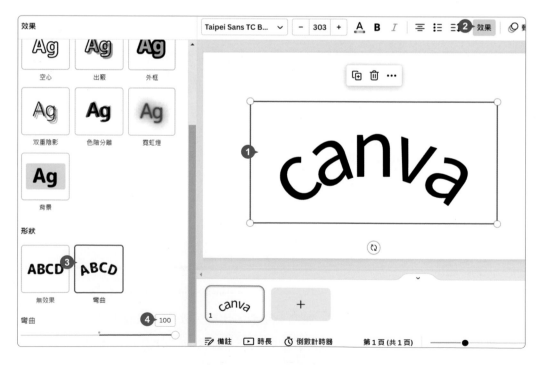

STEP 01 開啟專案，選取要套用樣式的文字方塊，工具列選按 **效果** 開啟側邊欄，選按 **彎曲**，再調整 **彎曲** 的值，完成第一個彎曲文字。

STEP 02 選按二次 ⊡ 複製出另二個文字方塊,再調整大小並移動到合適的位置。

 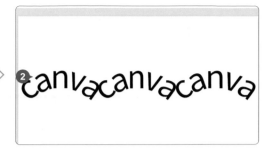

STEP 03 選取中間的文字方塊,工具列選按 **效果** 開啟側邊欄,調整 **彎曲**:-100,再移動文字方塊到合適位置,銜接前後文字形成波浪文字。

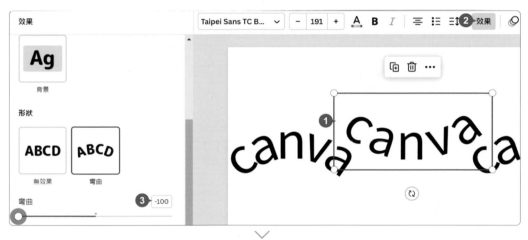

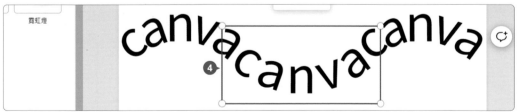

— 小提示 —

對齊與平均分配文字方塊間距

製作波浪時,可以按 `Ctrl` + `A` 鍵全選文字方塊後,工具列選按 **位置**,藉由側邊欄 **對齊元素** 及 **平均分配間距** 相關功能調整文字方塊位置。

10 環圈文字設計

無論是創作標誌、海報還是社交媒體圖片,環圈文字設計都能賦予更多層次感和視覺吸引力。

BEFORE　　　　　　　　　　　　　　　　　　　**AFTER**

Each man is the architect of his own fate.

▶

is the architect of his own fate. Each man

STEP 01 開啟專案,選取要彎曲的文字方塊 (字數若過少則無法呈現環圈效果),工具列選按 **效果** 開啟側邊欄。

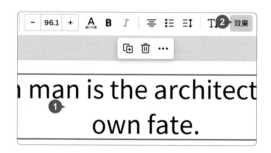

STEP 02 側邊欄選按 **彎曲**,調整 **彎曲** 程度的值,讓文字段落頭尾能銜接成一個圈,在此設定為「74」(彎曲程度的值依字數調整呈現),完成環圈文字設計。

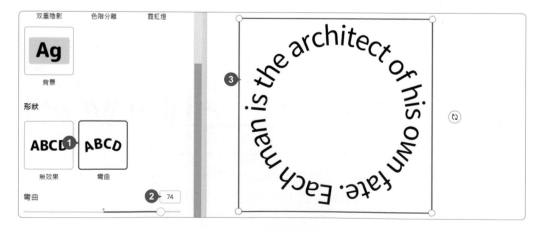

Tip 11 文字空心與多重陰影設計

文字套用 **空心** 效果,再加上 **雙層陰影** 效果,打破平面感並賦予文字立體彈出的視覺呈現。

BEFORE   AFTER

canva ▶ canva

STEP 01 開啟專案,選取要套用效果的文字方塊,工具列選按 **效果** 開啟側邊欄。

STEP 02 側邊欄選按 **空心**,調整 **粗細** 的值,再選按 🔂 複製一個文字方塊。

STEP 03 工具列選按 🅰 開啟側邊欄,選按合適的文字顏色套用,接著按 Alt + Ctrl + ⬆ 鍵將文字方塊移到最後。

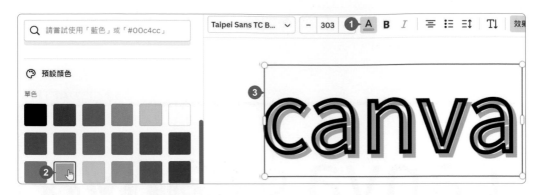

STEP 04 工具列選按 **效果** 開啟側邊欄,選按 **双重陰影**,設定 **偏移** 與 **方向** 的值,再變更 **顏色**,讓文字下方產生一個雙重藍綠色的實線陰影。

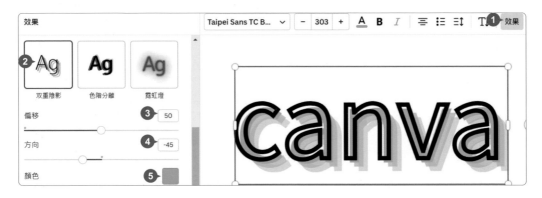

STEP 05 最後微調移動上層的中空文字至合適位置完成設計。

小提示

文字方塊重疊不易選取

當複製的文字方塊重疊不易選取時,可於文字方塊上方選按滑鼠右鍵,清單中選按 **圖層 \ 顯示圖層**,即可於側邊欄選取要編輯的文字方塊或元素。

Tip

12 文字描邊與外框設計

文字套用 **外框** 效果，再搭配 **色階分離** 效果，讓原本簡單又單調的外框更有具設計與層次感。

BEFORE　　　　　　　　　　　　　　　　　　**AFTER**

canva ▶ **canva**

STEP 01 開啟專案，選取要套用效果的文字方塊，工具列選按 **效果** 開啟側邊欄。

STEP 02 選按 **外框**，調整 **粗細** 的值，再套用合適的 **顏色**，接著選按 🔲 複製一個文字方塊。

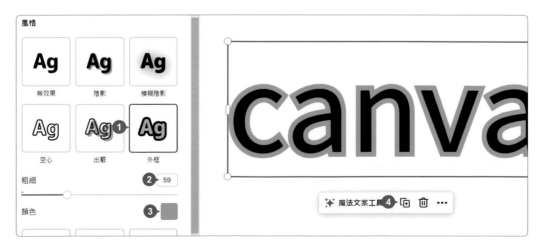

STEP 03 選取複製的文字方塊，側邊欄選按 **色階分離**，調整 **偏移** 的值，再套用合適的**顏色**。

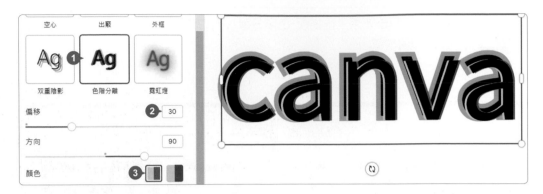

STEP 04 最後移動複製的文字方塊至合適位置完成設計。

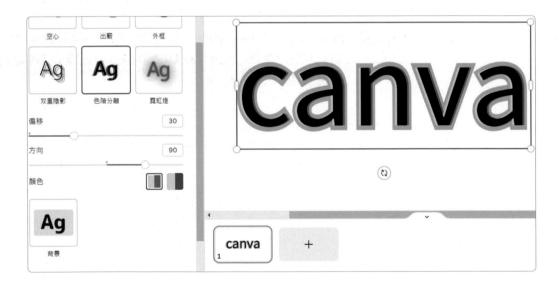

小提示

文字方塊重疊不易選取

當複製的文字方塊重疊不易選取時，可於文字方塊上方選按滑鼠右鍵，清單中選按 **圖層 \ 顯示圖層**，即可於側邊欄選取要編輯的文字方塊或元素。

Tip 13 用照片填滿文字

文字不再僅能填入顏色,為文字填入照片,實現更豐富的視覺效果並與設計內容相互呼應。

BEFORE | **AFTER**

STEP **01** 開啟專案,側邊欄選按 **元素** 標籤,輸入關鍵字「letter frame」,按 Enter 鍵搜尋。

STEP **02** 選按 **邊框** 項目,選按要使用的文字邊框元素插入至頁面,並移動到合適位置。(下個步驟會統一調整大小與對齊)

STEP 03 按 `Ctrl` + `A` 鍵全選文字邊框元素，拖曳四個角落控制點調整至合適大小。

STEP 04 文字邊框元素全選狀態下，工具列選按 **位置** 開啟側邊欄，於 **排列** 標籤選按 **靠下**、**水平**，邊框文字元素位置與間距就會調整一致，也可再依需求調整。

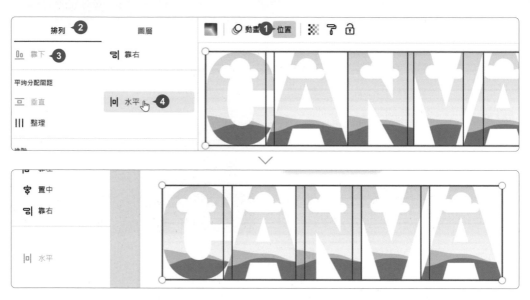

STEP 05 側邊欄選按 **照片** 標籤，輸入關鍵字「海灘」，按 `Enter` 鍵搜尋。於合適的照片素材上按住滑鼠左鍵不放，拖曳至文字邊框元素上放開，完成套用。

STEP 06 依相同的方法完成其他文字邊框元素的套用。

STEP 07 接著調整照片顯示的位置，選取文字邊框元素，工具列選按 **編輯照片** 開啟側邊欄。

STEP 08 側邊欄選按 **裁切** 標籤，將滑鼠指標移到照片上呈 ✥ 狀，拖曳照片至合適位置，拖曳四個角落控制點可放大縮小照片，再選按 **完成** 鈕，再依相同的方法調整其他文字邊框元素。

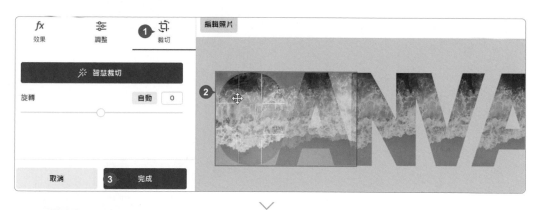

14 3D 浮雕立體字設計

巧妙運用文字的 **空心** 及 **透明度** 效果，透過重疊多個不同效果的文字元素，快速打造出特殊而迷人的立體文字設計。

BEFORE　　　　　　　　　　　　　　　　　　**AFTER**

聚沙成塔 ▶ 聚沙成塔

STEP 01 開啟專案，選取要套用效果的文字方塊，工具列選按 **效果** 開啟側邊欄。

STEP 02 側邊欄選按 **模糊陰影**，調整 **強度** 的值。

STEP 03 工具列選按 ⊠，調整 **透明度：50**，再選按 🗇 複製文字方塊。

STEP 04 修改複製的文字顏色，工具列選按 Ａ，側邊欄選按 **黑色#000000**。

STEP 05 工具列選按 **效果**，側邊欄選按 **空心**，調整 **粗細**：「**50**」。

STEP 06 將文字方塊拖移動至與第一個文字方塊重疊的位置，再選按 複製文字方塊。

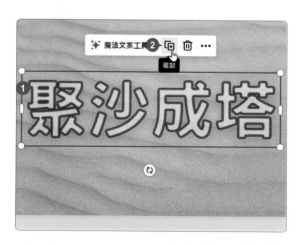

STEP 07 修改複製的文字顏色，工具列選按 A，側邊欄選按 **白色#ffffff**。

STEP 08 工具列選按 ▨，調整 **透明度：100**。

STEP 09 將白色空心文字方塊移動至如下圖位置，完成立體文字設計。(如果不容易調整較細微的位置，可按著 Ctrl 鍵再拖移，或是利用按方向鍵移動。)

Tip 15 霓虹燈文字設計

霓虹燈文字有著迷人又柔和的光源效果，搭配較暗的底色更能顯得色彩繽紛，利用關鍵字搜尋霓虹燈文字效果，直接修改並應用。

BEFORE   **AFTER**

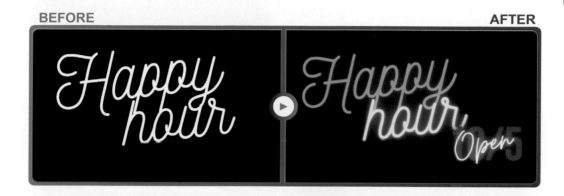

STEP 01 開啟專案，側邊欄選按 **文字** 標籤，輸入關鍵字「n e o n」，按 Enter 鍵搜尋，會出現多款霓虹燈文字樣式，清單中選按如圖的樣式插入至頁面。

STEP 02 於要修改文字的文字方塊連按三下滑鼠左鍵，在文字全選的狀態下，輸入欲修改的文字內容，在此輸入「Happy」。

STEP
03
以相同方法輸入另一個霓虹燈文字內容，在此輸入「hour」。

STEP
04
在選取文字方塊下，修改霓虹燈文字顏色，工具列選按 ⬛ 開啟側邊欄，選按 **黃綠色#c1ff72**。

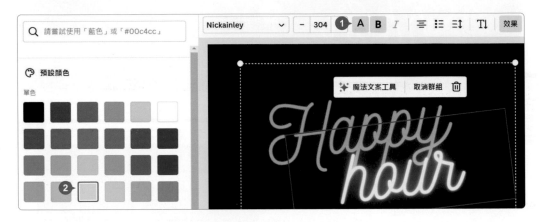

STEP
05
以相同的方法，側邊欄選按 **文字** 標籤，插入另一個霓虹燈文字樣式，再修改為合適的文字即可完成設計。

Tip 16 氣球文字與更多英文字母圖像元素設計

Canva 內建許多以英文字母設計的圖像元素，可以利用關鍵字搜尋，讓文字設計更多元豐富。

BEFORE   **AFTER**

STEP 01 開啟專案，側邊欄選按 **元素** 標籤，輸入關鍵字「balloon letter」，按 Enter 鍵搜尋。(關鍵字後方可以一空白鍵，再輸入顏色或指定字母，進行更精確的搜尋。)

STEP 02 於 **圖像** 標籤，一一選按要插入的氣球字母圖像元素，加入專案並調整大小。

STEP 03 按 Ctrl + A 鍵，在元素全選的狀態下，工具列選按 **位置** 開啟側邊欄，於 **排列** 標籤選按 **靠下** 將圖像元素對齊下方，再選按 **水平** 調整每個圖像元素之間的間距，之後再利用按方向鍵微調每個字元位置完成設計。

小提示

用關鍵字找到更多不同類型的字母圖像元素

設計時，可利用以下關鍵字找到更多特殊字母圖像元素：動畫文字(letter sticker)、拼貼文字(cutout letters)、手寫字(letter word)、A-Z字母表 (Alphabet)、卡通字 (cartoon letter)、融化文字(letter melt)、蜂蜜文字 (letter honey)、動態文字 (letter Animate)、有花的文字 (letter flower)。

Tip 17 AI "魔法變形工具" 設計 3D 圖像與材質文字

Canva AI 文字或形狀變形工具，透過文字描述與提示，轉換成指定的 3D 圖像與材質效果。(首次可免費試用 30 天)

STEP 01　開啟專案，側邊欄選按 **應用程式**，於 **採用 AI 技術** 項目，選按 **魔法變形工具** (若找不到該項目，可於上方搜尋列輸入：「魔法變形工具」查找；該工具首次使用需選按 **開啟** 鈕)。

STEP 02　選取要進行 AI 變形的文字方塊，側邊欄 **描述外觀** 輸入描述的文字內容，在此輸入「金屬質感銀色氣球」。

STEP 03 如果想不到合適的描述文字，也可以於 **試用範例** 選按範例縮圖產生描述文字，輸入完成後選按 **魔法變形工具** 鈕。

STEP 04 接著於側邊欄會產生四個符合描述的圖像，選按合適的魔法變形文字即可插入頁面，再將原始文字方塊刪除，調整魔法變形文字的大小及位置即完成設計。

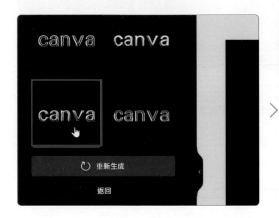

小提示

不滿意產生的變形效果該怎麼辦？

如果不滿意產生的變形效果不，可以選按 **重新生成** 鈕；或是選按 **返回** 鈕，回到上一步驟，再重新修改 **描述外觀** 的描述文字，選按 **魔法變形工具** 鈕再次產生。

Tip 18 文字任意變形工具

Canva 的應用程式 TypeCraft，可任意彎曲文字，為設計提供獨特的文字變形效果，讓專案設計有更多視覺上的變化。

BEFORE　　　　　　　　　　　　　　　　　　　　**AFTER**

STEP 01　開啟專案，側邊欄選按 **應用程式**，上方搜尋列輸入：「TypeCraft」，按 Enter 鍵搜尋；清單中選按 **TypeCraft** (首次使用需選按 **開啟** 鈕)。

STEP 02　於側邊欄 **Text** 輸入要製作的文字內容，再於 **Font** 設定字型，選按 **Style** 下方縮圖會展開相對應的設定項目，在此選按 **Outline**，接著於下方設定 **Color** (文字顏色)、**Border Width** (外框寬度)、**Border Color** (外框顏色)。

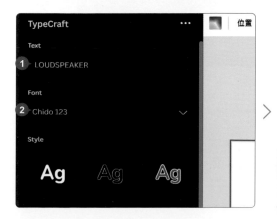

STEP 03　於 **Edit shape** 預覽畫面中，將滑鼠指標移至變形控點上，拖曳控點即可隨意變形。

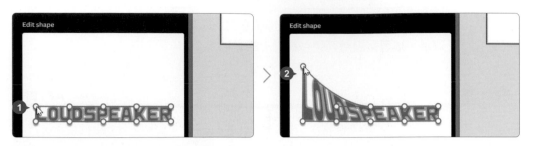

STEP 04　將滑鼠指標移至手把控點上，拖曳則可調整該處彎曲程度。

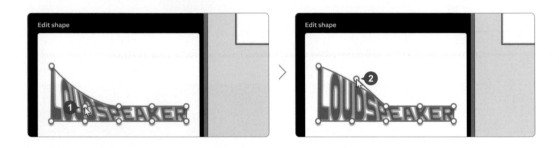

STEP 05　調整完成後，選按 **Add element to design** 鈕，即可將變形後的文字插入至頁面中。(之後只要於預覽畫面調整變形內容，再選按 **Update element** 鈕，即可改變新的結果。)

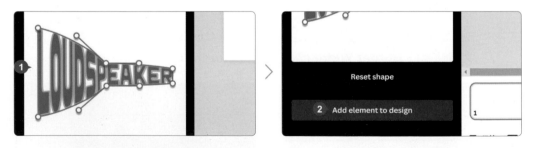

小提示

想要回到初始狀態重新調整該怎麼辦？

如果想要回到最原始未變形的文字狀態，可以選按 **Reset shape** 鈕，即可將文字還原為初始狀態。

19 AI 魔法抓取文字

抓取文字 可以取得照片中的文字，除了一般的照片元素外，掃描或是拍攝的文件，也可以利用此功能輕鬆抓取其中的文字。

BEFORE　　　　　　　　　　　　　　　　　　　AFTER

STEP 01　開啟專案，選取要抓取文字的照片，工具列選按 **編輯照片** 開啟側邊欄，於 **效果** 標籤選按 **魔法工作室 \ 抓取文字**。(若文字較多，需要等候至抓取完成。)

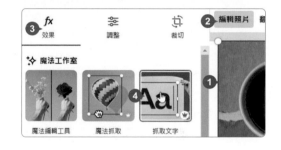

STEP 02　待抓取完成後，會將辨識到的文字以多個文字方塊呈現，可以選取並修改文字方塊內容，或刪除不需要的文字方塊，讓你依循原有的文字設計快速調整為專屬內容。(建議在使用此功能時，圖片上的文字最好要清晰且不偏斜，這樣抓取文字的結果會最好。)

My Note

Date:

影像視覺設計

1 照片或圖像元素的精準搜尋

Canva 擁有豐富的設計元素，只是素材過多常不易尋找，這時可以透過關鍵字搭配條件篩選，精準搜尋出特定類型的照片或圖像。

BEFORE **AFTER**

搜尋照片

STEP 01 開啟專案，側邊欄選按 **應用程式 \ 照片**，搜尋列輸入關鍵字「coffee」，按 Enter 鍵開始搜尋。

STEP 02 選按搜尋列右側 🎛️，清單中提供 **顏色、方向、價格** (此為付費功能) 和 **去背影像** 篩選項目，藉由設定，更精準的找出照片。(🎛️ 右上角數字代表篩選項目套用的數量，再選按 🎛️ 可關閉清單查看符合的照片。)

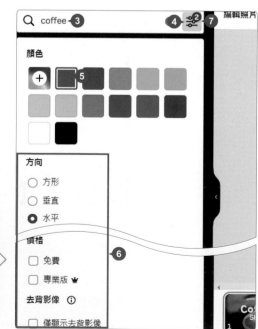

STEP 03 找到合適的照片後，拖曳照片至頁面緣處放開，可將照片替換成頁面背景。(如果拖曳放開的位置離頁面邊緣太遠，會變成插入動作。)

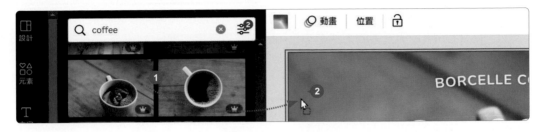

搜尋圖像元素

STEP 01 側邊欄選按 **元素 \ 圖像**，輸入關鍵字「手繪咖啡」，按 Enter 鍵開始搜尋。

STEP 02 選按搜尋列右側 ⚙，清單中提供 **顏色**、**方向**、**動畫** 和 **價格** (此為付費功能) 篩選項目，藉由設定，更精準的找出合適圖像，再選按 ⚙ 可關閉清單查看符合的圖像，選按即可加入頁面。

小提示

清除篩選項目

選按 ⚙，清單中選按 **全部清除** 鈕，可清除目前的篩選項目，重新設定。

2 Tip

快速找到風格相近的照片或元素

使用風格相近的照片或元素，可以讓作品達成視覺與整體設計形象的一致性，照片與元素的查找方法相同，在此以元素示範。

BEFORE　　　　　　　　　　　　　　　　　　　　　　AFTER

STEP 01 瀏覽資訊：開啟專案，於頁面上選取如圖元素，工具列選按 ⓘ，清單中可以看到該元素的詳細資訊，包含名稱、創作者、免費版或 Pro 版帳號使用、元素關鍵字，以及相關功能。

STEP 02 利用創作者尋找：清單中選按創作者連結，側邊欄即可看到此創作者提供的更多設計，搭配關鍵字，藉此快速搜尋到風格相近且符合主題的元素。

STEP 03 查看收藏：清單中選按 **查看收藏**，側邊欄即可看到與此元素風格相近的其他元素，藉此快速搜尋。(清單中另有 **查看更多類似內容** 一樣可找到風格相近元素)

STEP 04 搜尋到合適的元素後，可選按元素縮圖加入專案設計中，利用四個角落控點調整大小，並拖曳移動至合適位置。

3 利用圖層管理與排列設計元素

一份完整的設計作品由許多元素構成，一旦元素越多越複雜，管理與快速選取就很重要，透過 **圖層**，即可輕鬆選取元素編輯或排列。

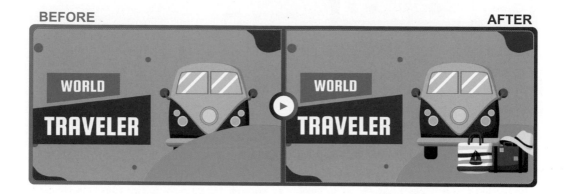

BEFORE   AFTER

調整元素排列順序

STEP 01 開啟專案，工具列選按 **位置** 開啟側邊欄，於 **圖層** 標籤可以透過選按圖層，選取頁面中相對應元素。

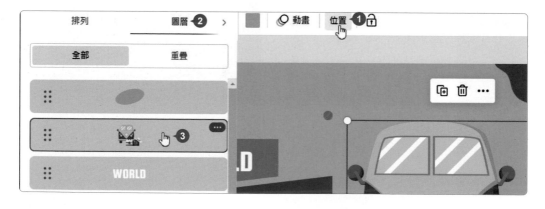

STEP 02 按住圖層不放，即可往上或往下拖曳，調整元素在頁面中的排列順序。

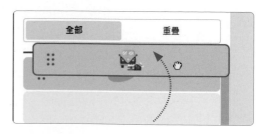

選取多個元素並群組

利用圖層，快速選取多個元素並建立群組，方便同時移動多個元素。

按 Ctrl 鍵不放，分別選按要群組的圖層，然後將滑鼠指標移至選取的任一圖層上，選按右側 ⋯ \ **建立群組**，即可將數個圖層群組成一個圖層並顯示 ▣ 圖示。

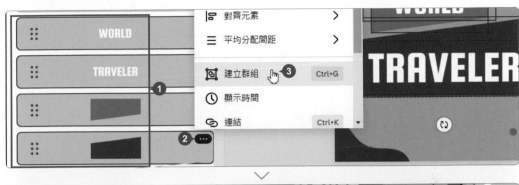

圖層鎖定固定元素

可利用圖層鎖定方式，固定指定元素，防止專案編輯過程中移動其他元素的位置。將滑鼠指標移至欲鎖定的圖層上，選按右側 ⋯ \ **鎖定** \ **僅鎖定位置**，該圖層即鎖定無法移動並顯示 ☒ 圖示 (若選按 **鎖定** 則會連編輯...等相關功能一併被封鎖)。

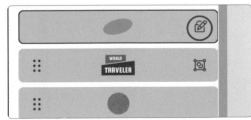

小提示

解鎖方式

選取鎖定的元素，於浮動工具列中選按 ☒ 解鎖位置，或選按 🔓 解鎖。

---

4 自動 / 手動調整照片亮度、對比和其他屬性

照片可以透過 **自動調整** 快速修正，也可以依照片區域適當的調整亮度、對比、飽和度...等設計，讓照片更有質感。

BEFORE　　　　　　　　　　　　　　　　　　　　**AFTER**

自動調整

開啟專案，選取照片狀態下，工具列選按 **編輯照片 \ 調整 標籤 \ 自動調整**，可以快速修正照片狀態，並透過 **強度** 調整。

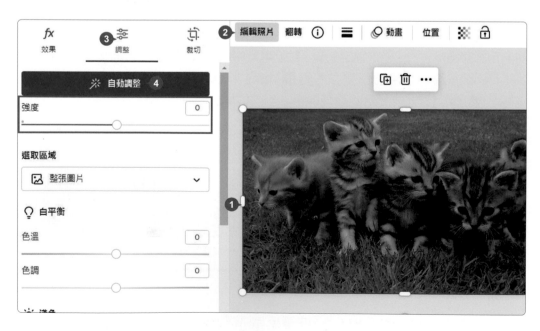

區域選擇與細節設定

照片除了可以透過 **自動調整** 快速修正，還可以依據 **選取區域**：整張圖片、**前景** 或 **背景**，調整區域的 **亮度、對比度**...等，於右側可輸入數值，或在個別設定項目下拖曳滑桿調整，向左拖曳降低強度、向右拖曳提高強度。

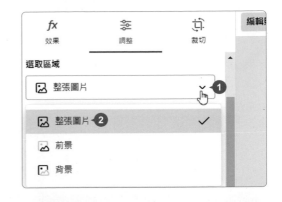

─ 小提示 ─

關於選取區域

可以根據照片 **選取區域**，調整其亮度、對比、飽和度...等效果 (照片內容有明顯的前景、背景區隔時，差異較明顯)：

整張圖片：調整整張照片。

前景：僅針對照片的前景套用。 **背景**：僅針對照片的背景套用。

5 漸層背景設計

漸層效果經常被使用在背景中，比起單一顏色，漸層在視覺上更為豐富，也更具時尚感。

BEFORE   **AFTER**

利用背景顏色產生漸層效果

STEP 01 開啟專案，工具列選按 ■ 開啟側邊欄，於 **預設顏色** 的 **漸層**，選按任一漸層色塊即可套用；若選按 **全部變更** 鈕，則會將漸層套用至全部頁面。

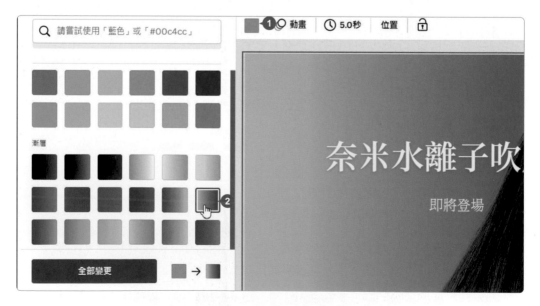

STEP 02 已套用的漸層，如果欲調整漸層顏色或方向，將滑鼠指標移至 **文件顏色** 該色塊上方，選按  開啟清單，於 **漸層** 標籤中即可自訂 **漸層顏色** 與 **風格**。(若沒有出現該色塊，可於工具列選按二次 **背景顏色** 色塊，關閉再開啟側邊欄即可。)

利用元素產生漸層效果

STEP 01 側邊欄選按 **元素**，輸入關鍵字「透明漸層」，按 Enter 鍵開始搜尋，於 **圖像** 選按如圖漸層元素插入至頁面，將滑鼠指標移至 ⟳ 上呈 ↔ 狀。

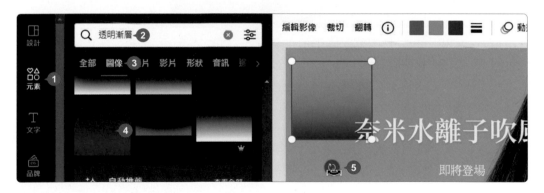

STEP 02 往左拖曳旋轉至合適角度 (旋轉中可以看到角度資訊)，再利用四個角落控點調整大小，並拖曳移動至合適位置擺放。

利用照片產生漸層效果

- 方法一：側邊欄選按 **照片**，輸入關鍵字「漸層」(關鍵字也可再加上色彩的指定)，按 Enter 鍵開始搜尋，選按如圖照片插入至頁面。

  接著於選取照片狀態下，選按 ⋯ \ **更換背景**，指定更換為背景，完成利用照片呈現背景漸層的設計效果。

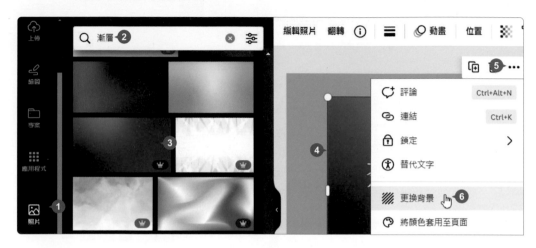

- 方法二：側邊欄選按 **照片**，選取任一張色彩合適的照片，工具列選按 **編輯照片** 鈕開啟側邊欄。於 **效果** 標籤選按 **模糊化 \ 整張圖片**，設定 **強度**，即可將一般照片轉換成漸層效果，再指定更換為背景即可。

6 鏡面倒影效果

形象網站、商品簡介...等平面設計中，鏡面倒影技巧常用於影像或商品圖片，不僅可以塑造出立體感，展示效果也更具真實性。

BEFORE　　　　　　　　　　　　　　　　　　　　　　AFTER

STEP 01 開啟專案，選取圖像元素 (建議使用去背元素有較佳效果) 選按 🔲 **複製**，在選取複製圖像元素狀態下，工具列選按 **翻轉** \ ↺ **垂直翻轉**。

STEP 02 拖曳複製圖像元素，如圖稍往上貼齊原始圖像元素底部，置中對齊，工具列選按 ▨，設定 **透明度：30**。

STEP 03 選取複製的飲料罐圖像元素，工具列選按 **位置**，於 **圖層** 標籤將其拖曳至原始飲料罐圖像元素的下方。

STEP 04 側邊欄選按 **元素**，輸入關鍵字「透明漸層」，按 `Enter` 鍵開始搜尋，於 **圖像** 選按如圖漸層元素插入至頁面。

STEP 05 工具列選按 ■ 開啟側邊欄，選按與背景相同的顏色，接著將滑鼠指標移至 上呈 ↔ 狀，向右拖曳旋轉 90 度，呈水平矩形。

STEP 06 利用漸層元素四個角落控點調整大小，使其寬度符合頁面，並拖曳移動至如圖位置擺放，藉由覆蓋透明漸層元素，讓倒影產生由上而下，自然淡化效果，完成倒影設計。

7 模糊照片背景產生淺景深效果

淺景深是一種可以凸顯照片主體的拍照技巧，在此利用 **自動對焦** 功能，輕鬆營造出主題清晰而背景模糊的效果。

BEFORE   **AFTER**

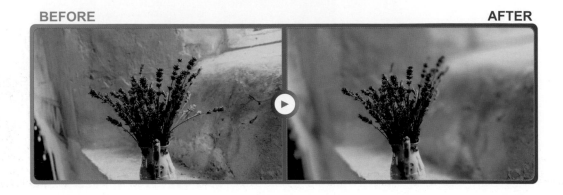

STEP 01 開啟專案，選取照片，工具列選按 **編輯照片** 開啟側邊欄，於 **效果** 標籤選按 **自動對焦**。

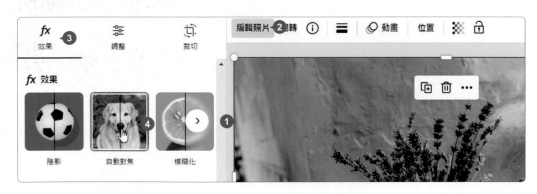

STEP 02 調整 **模糊強度** 與 **對焦位置**，可改變景深效果；選按 **移除自動對焦** 鈕，可清除目前設定。(後續欲修改設定，可再次選按 **編輯照片**，於 **效果** 標籤 \ **自動對焦** 上方選按 ⬚ 開啟設定面板。)

Tip 8 移除照片背景

人像或商品主體如果不夠明確，很難吸引顧客點擊瀏覽，透過 **背景移除工具**，一鍵輕鬆移除背景。

BEFORE   **AFTER**

STEP 01 開啟專案，選取照片，工具列選按 **編輯照片** 開啟側邊欄，於 **效果** 標籤選按 **背景移除工具**，即可輕鬆移除人物主體後方背景。

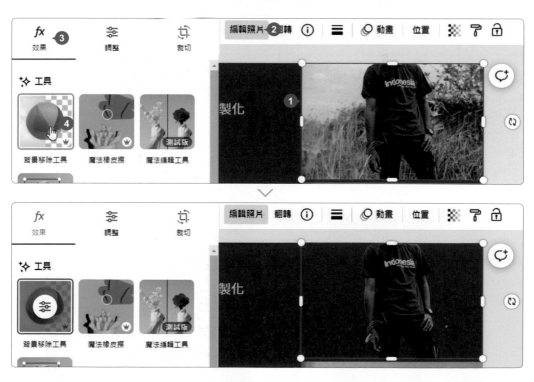

STEP 02 依相同方法，移除另外一張照片的背景。

小提示

微調背景移除範圍或還原

移除照片背景後，可於 **效果** 標籤 \
背景移除工具 上方選按 ⚙，設定 **選取筆刷** 為 **清除** 或 **還原**、**筆刷大小** 和是否 **顯示原始影像**，塗抹欲移除或還原的範圍，進行細部調整；若選按 **重設工具** \ **重設工具編輯** 鈕，則會還原整張照片背景。

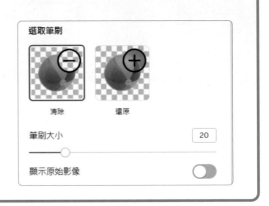

STEP 03 去背後的照片，利用上下左右的控點裁剪不需要的部分，再利用四個角落控點調整大小，並拖曳移動至合適位置擺放。

STEP 04 依相同方法，完成另外一張去背照片的大小與位置調整。

Tip 9 為人物或物體加上白邊效果

套用白邊的去背圖像或文字,搭配深色背景,不僅可以突顯主體,視覺上也多了層次感。

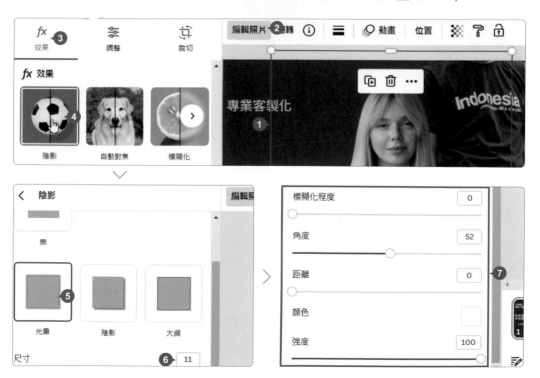

BEFORE　　　　　　　　　　　　　　　　　AFTER

開啟專案,選取照片元素,工具列選按 **編輯照片** 開啟側邊欄,於 **效果** 標籤選按 **陰影**,套用 **光暈** 並設定相關項目,如:**模糊化程度**、**角度**、**距離**、**顏色**...等,完成白邊效果設計。(套用後欲修改設定,可於 **效果** 標籤 \ **陰影** 上方選按 🖊 開啟。)

10 超出框架的照片設計

邊框 元素不僅可以突顯照片，強調照片與其他元素的空間感或對比，更可以搭配一些巧思，讓去背影像從框架中跳脫，展現不一樣的創意。

BEFORE AFTER

STEP 01 開啟專案，側邊欄選按 **元素 \ 邊框**，輸入關鍵字「相片框」，按 Enter 鍵開始搜尋，選按如圖邊框產生在頁面。

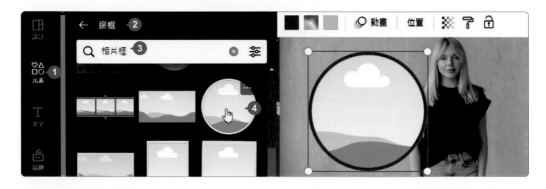

STEP 02 拖曳主角照片至邊框內，呈填滿狀時放開。

STEP 03 拖曳邊框元素至頁面合適位置擺放，並調整大小。

STEP 04 接著選按 **編輯照片 \ 裁切** 標籤，如下圖放大人像照片至合適大小與位置，再按 **完成** 鈕。

STEP 05 選取邊框元素，於上方工具列設定合適邊框色，再按 🔲 鈕再製。

STEP 06 於再製出來的物件上方按滑鼠右鍵選按 **分離圖片**，刪除分離出來的邊框元素，並為分離出來的照片去背。

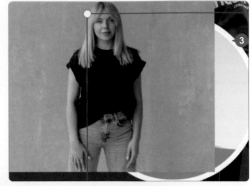

STEP 07 為了將去背主角照片疊加在邊框上，不會被吸附填滿，藉此呈現超出框架的設計感，選取邊框元素，工具列選按 🔒，再按一次工具列 🖉 該圖層即鎖定。

STEP 08 選取去背主角照片，工具列設定 **透明度**：「40」，拖曳至邊框元素上方疊放，接著利用四個角落控點調整尺寸，讓去背主角與後方邊框元素內主角照片一樣大小並擺放於相同位置；再利用四邊中間控點裁剪去背主角照片，將 左、右與下方不需要保留的部分裁剪掉，最後恢復 **透明度**：「100」。

11 AI "魔法橡皮擦" 擦除照片中不需要的

照片中任何不需要的人物或物件影像，都可以透過 **魔法橡皮擦** 這項強大的 AI 功能，輕鬆擦除。

BEFORE   AFTER

STEP 01 開啟專案，選取照片，工具列選按 **編輯照片** 開啟側邊欄，於 **效果** 標籤選按 **魔法橡皮擦**。

STEP 02 設定 **筆刷大小**，於要擦除的部分按滑鼠左鍵不放拖曳，塗抹出比目標大些的範圍，再放開滑鼠左鍵，Canva 會擦除不需要的並根據周圍影像計算並填滿。

STEP 03 依相同方法，擦除沙發上的毛巾。一開始需順著毛巾紋路上下塗抹第一次，接著再針對沙發上沒有擦拭乾淨的毛巾殘影，或椅子下的陰影，進行塗抹 (因為沙發區域較為複雜，大範圍擦除後再針對小範圍塗抹才能完整清除毛巾，並讓保留下來的影像更自然)。

───── 小提示 ─────

關於魔法橡皮擦的使用限制

- 進入 **魔法橡皮擦** 模式時，頁面只能藉由滑鼠滾輪縮放，塗抹錯誤時無法還原上一步；所以如果欲擦除的範圍過大，建議可分次塗抹，以達最佳效果。

- 如果想要恢復照片原始狀態，可選按 **重設工具** 鈕，再重新擦除。

12 AI "魔法編輯工具"快速合成與轉換影像

照片中任何不合適的物件或背景,都可以透過 **魔法編輯工具** 這項強大的 AI 功能,輕鬆更換或合成其他元素。

BEFORE **AFTER**

合成背景

STEP 01 開啟專案,選取照片,工具列選按 **編輯照片** 開啟側邊欄,於 **效果** 標籤選按 **魔法編輯工具**。

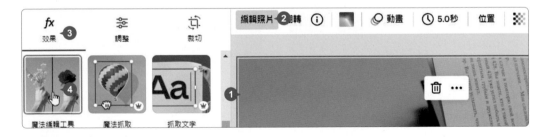

STEP 02 設定 **筆刷大小**,於照片上塗抹要更換的背景區域,過程中可以調整筆刷大小、分次塗抹累加範圍;若選按 **重設筆刷效果** 鈕,則會恢復照片未塗抹狀態。

完成範圍塗抹後，選按 **繼續** 鈕。

STEP **03** 於欄位輸入要產生的內容 (也可參考下方建議做為文字描述方向)，選按 **產生** 鈕，此時 Canva 會根據內容隨機產生四張照片。(如果不喜歡此次產生的照片可選按下方 **產生新的結果** 鈕)

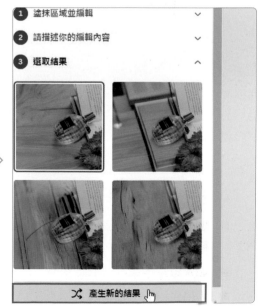

STEP 04 最後選擇合適的結果照片，選按 **完成** 鈕。

合成情境照擺拍道具

選取照片，再次利用 **魔法編輯工具**，設定 **筆刷大小**，於照片上塗抹要更換的擺拍道具，和輸入要產生的內容，最後選擇合適的結果照片。

小提示

關於魔法編輯工具的使用限制

- 進入 **魔法編輯工具** 模式時，頁面只能藉由滑鼠滾輪縮放，塗抹錯誤時無法還原上一步。

- 如果想要恢復照片原始狀態，可選按 **重設工具** 鈕。

- 使用者每天可利用 **魔法編輯工具** 產生 100 次。

13 AI "魔法展開" 自動延展照片

透過 **魔法展開** 這項強大的 AI 功能，可修正照片不完美的邊緣，延展出更多內容，在不裁切的情況下改變照片尺寸或將垂直拍攝變成水平拍攝。

BEFORE　　　　　　　　　　　　　　　　**AFTER**

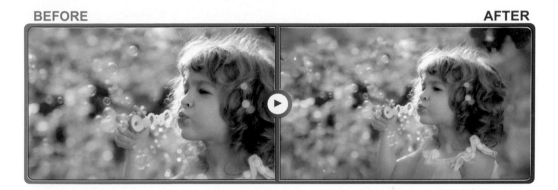

STEP 01 開啟專案，選取照片，工具列選按 **編輯照片** 開啟側邊欄，於 **效果** 標籤選按 **魔法展開**。

STEP 02 依照需求，設定 **選擇尺寸** (選按右側 **⟩** 會出現更多尺寸，如：16:9、916...)，頁面會出現指定尺寸的範圍與剪裁控點 (**完整頁面**，會自動偵測目前頁面大小完整展開)，也可依需求拖曳調整範圍，然後選按 **魔法展開** 鈕。

STEP 03 此時 Canva 會根據內容隨機產生四張展延照片，如果不喜歡此次生成的照片可選按下方 **產生新的結果** 鈕。

最後選擇合適的結果照片，選按 **完成** 鈕。(若延展範圍較大容易出現變形的影像，建議可選擇 **自由形式**，一次延展一部分區塊，效果會較隱定。)

Tip 14

AI "魔法抓取" 分離照片的主體與背景

魔法抓取 這項強大的 AI 功能,可以自動識別照片中的主體並提取出來與背景分離,類似物件去背效果,更神奇的是提取出主體同時,會為該處背景重新延展出合適內容。

BEFORE   AFTER

STEP 01 開啟專案,選取照片,工具列選按 **編輯照片** 開啟側邊欄,於 **效果** 標籤選按 **魔法抓取**。

經過分析,Canva 會自動辨識與
抓取照片中的主體 (前景)。

STEP 02 選取抓取出來的主體元素，先拖曳移動至合適位置 (會發現原主體元素所在位置會自動延伸出合適背景)，再利用四個角落控點調整大小。

STEP 03 也可以選按 ，利用 **複製** 功能產生多個同樣元素，搭配大小、位置調整，或其他編修技巧，豐富設計內容。

─ 小提示 ─

可以重設魔法抓取，復原原始影像嗎？

先刪除抓取出來的照片主題，選取照片，工具列選按 **編輯照片** 開啟側邊欄，選按 **魔法抓取** (顯示 ☑)，即恢復原始影像。

15 用拼貼與裁切呈現照片創意

Tip

網格 不僅可以讓你輕鬆對齊與擺放照片，模擬出拼貼效果，還可以自動裁切、任意縮放...等，賦予照片更多元化設計。

BEFORE

AFTER

土耳其 Turkey

- 土耳其共和國是一個橫跨歐亞兩洲的伊斯蘭教國家，其國土包括西亞的安納托利亞半島、以及巴爾幹半島的東色雷斯地區。

- 位於黑海和地中海的咽喉，身在歐亞交接處的土耳其，自古以來就是亞洲與歐洲的匯集之處，也是亞洲、歐洲鐵路和公路的銜接點，有歐亞陸橋之稱，交通和戰略地位極其重要。

土耳其 Turkey

- 土耳其共和國是一個橫跨歐亞兩洲的伊斯蘭教國家，其國土包括西亞的安納托利亞半島、以及巴爾幹半島的東色雷斯地區。

- 位於黑海和地中海的咽喉，身在歐亞交接處的土耳其，自古以來就是亞洲與歐洲的匯集之處，也是亞洲、歐洲鐵路和公路的銜接點，有歐亞陸橋之稱，交通和戰略地位極其重要。

加入照片拼貼

STEP 01 開啟專案，側邊欄選按 **元素 \ 網格**，選按網格元素插入至頁面。

STEP 02 選取網格狀態下，選按 ⋯ \ 圖層 \ 移至最前。

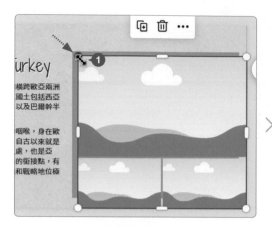

STEP 03 選取網格元素狀態下，將滑鼠指標移至元素四個角落控點呈 ↖ 狀，拖曳調整合適大小；將滑鼠指標移至網格元素上，按住滑鼠左鍵不放拖曳微調位置，完成網格元素插入與擺放。

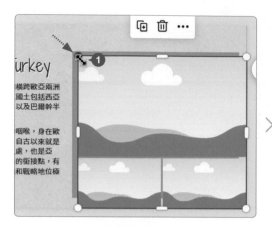

STEP 04 側邊欄選按 **照片**，輸入關鍵字，按 Enter 鍵開始搜尋，找到合適照片後拖曳至網格元素方塊上方，放開滑鼠左鍵，完成套用。

STEP 05 依相同方法，完成其他網格元素方塊的套用。

裁切照片與調整間距

STEP 01 選取網格元素需要調整的照片，工具列選按 **編輯照片 \ 裁切** 標籤，將滑鼠指標移到照片上呈 ✤ 狀，可拖曳移動至合適位置，拖曳四個角落白色控制點可縮放照片，調整好後選按 **完成** 鈕。

STEP 02 選取網格元素，工具列選按 **間距**，設定合適 **網格間距** (數字愈小間距愈小)。

二張照片的融合效果

透過漸層元素的運用，再利用透明度與照片編輯，將二張照片融合成為一張照片。

BEFORE   **AFTER**

套用漸層元素

STEP 01 開啟專案，選取第一張照片，側邊欄選按 **元素**，輸入關鍵字「gradient」，按 Enter 鍵開始搜尋，於 **圖像** 選按如圖白至透明的漸層元素插入至頁面。

STEP 02 選取漸層元素，工具列選按 **翻轉 \ 水平翻轉**，利用四個角落白色控制點放大尺寸，並拖曳移動至合適位置擺放。

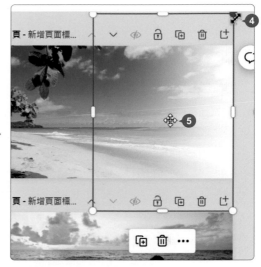

STEP 03 選取漸層元素狀態下，選按 5 次，利用 **複製** 功能產生多個同樣元素堆疊白色區域，接著拖曳選取全部漸層元素，選按 **建立群組**。

STEP 04 將滑鼠指標移至漸層元素群組 上呈 狀，漸層元素往左拖曳旋轉至合適角度 (旋轉中可以看到角度資訊)，最後再利用白色控點微調長寬呈右圖狀。

STEP
05 按 Ctrl + C 鍵複製第一張照片中的漸層元素群組，於第二張照片按 Ctrl + V 鍵貼上。將滑鼠指標移至漸層元素群組 ⟳ 上呈 ↔ 狀，漸層元素往下與左拖曳旋轉至合適角度 (旋轉中可以看到角度資訊)，

最後往左拖曳至如圖位置。

融合漸層效果

二張照片套用漸層元素後，先將設計下載成 JPG 檔案，後續再以圖檔格式製作二張照片的融合。

STEP 01 畫面右上角選按 **分享 \ 下載**，選擇 **檔案類型、品質、確認 請選擇頁面：所有頁面**，選按 **下載** 鈕，開始轉換檔案並儲存至電腦，若為多頁專案，完成後即會下載一個壓縮檔，解壓縮後即可取得所有頁面檔案。

STEP 02 於新頁面或新專案，側邊欄選按 **上傳 \ 上傳檔案**，於對話方塊選取剛才下載並解壓縮的二張 JPG 檔案，拖曳第一張照片至頁面邊緣處放開，替換為頁面背景。

STEP 03 選按第二張照片產生至頁面，利用四個角落白色控點放大尺寸至符合頁面寬高，疊加在第一張照片上方，工具列設定 **透明度**。

STEP 04 將此頁內容藉由畫面右上角選按 **分享 \ 下載**，將設計下載成 JPG 檔案。

調整融合照片

STEP 01　於新頁面或新專案，側邊欄選按 **上傳 \ 上傳檔案**，於對話方塊選取剛才下載的 JPG 融合檔案，再拖曳至頁面邊緣處放開，替換為頁面背景。

STEP 02　選取照片，工具列選按 **編輯照片 \ 調整** 標籤，設定亮度、對比、亮部、明亮度、飽和度...等數值，讓融合後的照片以較鮮明的色彩呈現。

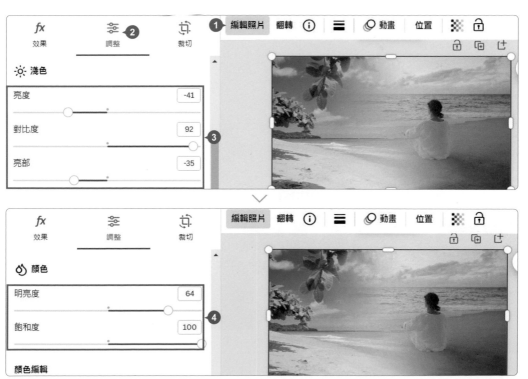

Tip 17 手繪設計

在設計上可以利用 **繪圖** 呈現手寫文字或圖案...等繪製效果,發揮創意,增添個人手繪風格。

BEFORE   AFTER

STEP 01 開啟專案,側邊欄選按 **繪圖**,顯示繪圖相關項目 (包含 **原子筆**、**麥克筆**、**螢光筆**、**橡皮擦**、**顏色** 和 **設定**),選按 **麥克筆**,設定 **顏色**、**粗細** 與 **透明度**。

STEP 02 影像上會出現畫筆,按滑鼠左鍵不放可拖曳繪製,接著如圖於貓咪頭上繪製一頂皇冠。

STEP 03 維持 **麥克筆** 的選按與 **粗細、透明度** 設定,調整 **顏色** 後,如圖位置,按滑鼠左鍵不放一次拖曳出愛心,如果希望形狀圓滑細緻時,可以在最後線條繪製結束的地方停留 1 秒。

會發現愛心線條不再歪七扭八,而是呈圓滑狀,最後如圖於愛心內隨意繪製幾筆線條。

小提示

線條圓滑化可套用的繪製形狀

線條圓滑化目前適用繪製:矩形、箭頭、三角形、圓形、星形、線段、心形、菱形。

18 Mockups 實物模型設計

Mockups 能將商品或設計的影像檔合成至各式情境中,主要模型有手機、電腦、廣告看板、服裝和各式家庭用品...等,常用於行銷與宣傳呈現。

BEFORE   AFTER

i-Tshirt
潮流 T 恤專賣店、專業客製化

寺尚潮人
相擁有的單品

STEP 01 開啟專案,選取要合成的圖像元素或照片後,選按 **編輯照片 \ 效果** 標籤,於 **應用程式** 選按 **Mockups**。

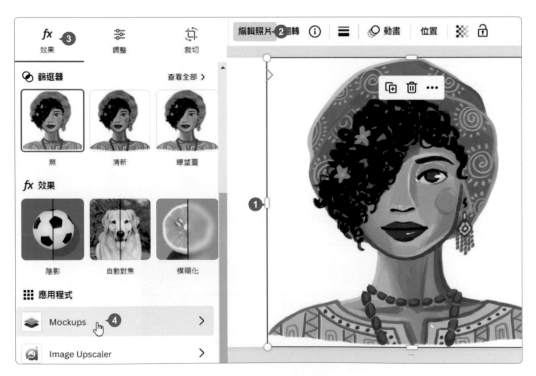

STEP 02 首次使用需選按 **開啟** 鈕。**Mockups** 清單中分別有 **Popular**、智能手机、印刷品、**服裝**...等項目可以套用，在此於 **服裝** 選按 **查看全部** \ 如圖樣張。

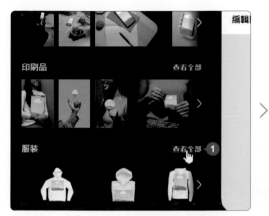 

STEP 03 選取要合成的圖樣元素或照片，拖曳至 **Mockups** 樣張上放開，即可置入。

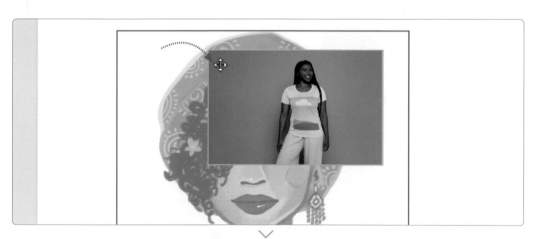

 選取 **Mockups** 樣張自動開啟側邊欄，可依需求調整 **影像裁切**、**對齊**、**翻轉**…等 項目 (此處選按 **填滿**)，選按 **套用變更** 鈕。

 最後利用四周白色控點放大尺寸，再加入文字設計，完成作品。

Tip 19 商品圖批量去背套用場景

Product Photos 功能特別適合電商或線上銷售人員，只要上傳背景單純的商品照片，就能完美地移除背景，同時加入新背景，快速產生商品圖。

BEFORE　　　　　　　　　　　　　　　　　　AFTER

STEP 01 於 Canva 首頁選單選按 **應用程式 \ Product Photos**，接著選按 **選擇照片** 鈕，可選按 **從上傳項目選取** 鈕使用現有上傳項目；或選按 **上傳新的影像** 鈕，對話方塊中選擇並上傳多張照片 (最多 10 張)。

STEP 02 完成照片上傳後，選按 **下一步** 鈕，選擇照片要使用的樣式，預設有 **電子商務** 與 **車輛** 分類，選按合適分類與樣式後，選按 **套用** 鈕即開始進行多張照片去背套用場景的效果。

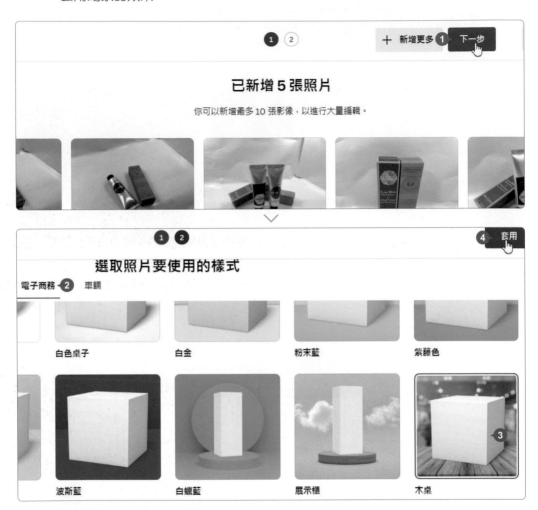

Canva 會利用樣式名做為資料夾名稱 (如：木桌)，將完成編輯的照片統整於此。

STEP 03 若想一次下載或刪除多張已完成編輯的照片，可選按 **∙∙∙** \ **下載全部** 或 **刪除**。(**下載全部**，因為一次下載多張照片，完成後會是一個壓縮檔，解壓縮後即可取得所有照片。)

若想瀏覽單張照片可透過選按直接開啟個別頁面，之後可選按 **在設計中使用** 鈕直接進入專案編輯畫面；或選按 **下載** 鈕，儲存單張照片。

20 快速產生 Google 地圖與 QR 代碼

Canva 搭配第三方的應用程式，可以增加如 Google Map、QRCode...等不同類型的資訊，達到充分引導與行銷的效果。

BEFORE　　　　　　　　　　　　　　　　**AFTER**

插入 Google 地圖

STEP 01　開啟專案，側邊欄選按 **應用程式 \ Google Map**，在搜尋欄位輸入欲搜尋的地址，按 Enter 鍵，確認目的地無誤後，選按該地圖縮圖即可產生在頁面。

STEP 02 選取地圖後，拖曳至如圖位置擺放，將滑鼠指標移至地圖四個角落控點呈 ↖ 狀狀，拖曳調整至合適大小。

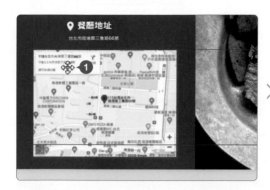 

插入 QR 代碼

STEP 01 側邊欄選按 **應用程式 \ QR 代碼**，在 **URL** 欄位輸入網址，選按 **產生 QR 代碼** 鈕。

STEP 02 選取 QR 代碼後，拖曳至如圖位置擺放，將滑鼠指標移至四個角落控點呈 ↖ 狀狀，拖曳調整至合適大小。

21 連結 CSV 或 Google 試算表匯入圖表資料

資料數據欲使用圖表設計工具呈現，除了手動輸入，也可以匯入 CSV 檔案資料，或連結 Google 試算表。

插入圖表與連結 CSV 或 Google 試算表

STEP 01 開啟專案，側邊欄選按 **元素 \ 圖表** 查看所有圖表類型，於 **長條圖** 類型選按 **長條圖**，插入至頁面。(目前 **視覺資訊圖表** 類型無法連結 CSV 或 Google 試算表)

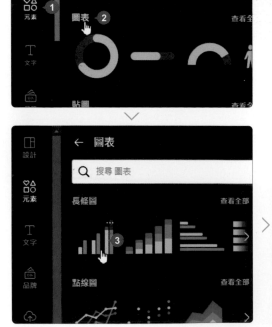

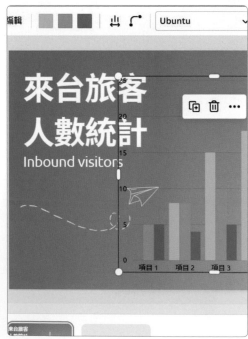

STEP 02 選取圖表元素，側邊欄 **資料** 標籤會出現相關數據 (或於工具列選按 **編輯**)，可於資料區輸入相關數據，也可於下方 **新增資料** 選按 **上傳 CSV** 鈕，開啟範例原始檔 <03-21.csv> 上傳，頁面中的圖表元素會立即套用並呈現。

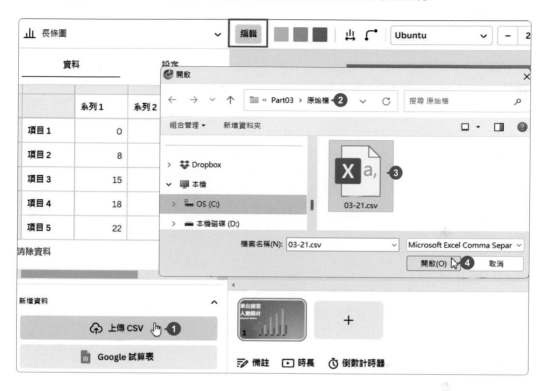

小提示

連結 Google 試算表中的資料

若想連結 Google 試算表的資料數據於 Canva 圖表呈現，可於 **資料** 標籤下方 **新增資料** 選按 **Google 試算表** 鈕，再登入帳號，指定檔案與儲存格範圍。

刪除與插入欄、列

根據需求，可以插入、刪除欄或列，調整表格資料行與資料列的數量。(以下說明列的增刪，欄的增刪可依相同方式操作。)

選取圖表元素，側邊欄 **資料** 標籤，可透過選按表格左側灰色區塊選取該列 (若按 [Shift] 鍵不放可連續選取多列)，按滑鼠右鍵，清單中提供 **在前面插入列**、**在後面插入列** 或 **刪除**列** (**會根據選取幾列顯示數字)，在此刪除資料剛加入時多出來的第 1 列。

調整圖表位置與大小

拖曳圖表元素至如圖位置擺放，將滑鼠指標移至四個角落控點呈 ↘ 狀，拖曳調整至合適大小。

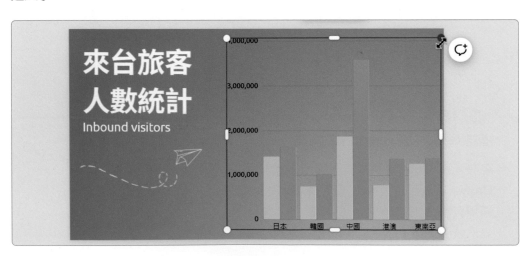

變更圖表類型

Canva 有多種預設的圖表類型可供選擇，選取圖表元素，側邊欄選按上方清單鈕，清單中選擇合適的圖表類型套用可變更類型，此範例選按 **堆疊長條圖**。

調整圖表樣式與顏色

STEP 01 選取圖表元素，側邊欄選按 **設定** 標籤可開啟與隱藏此圖表樣式相關設定：**顯示圖例**、**顯示標籤**、**顯示網格線**，另有 **列欄交換** (將欄與列的資料交換)；不同圖表樣式於設定會稍有差異，此範例以堆疊長條圖示範。

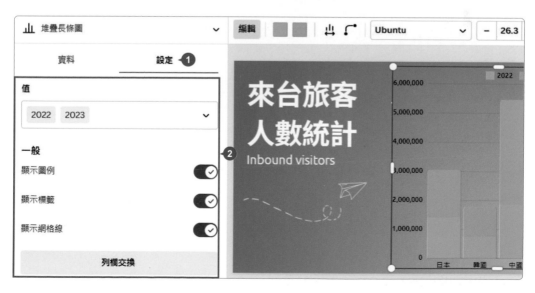

STEP
02 資料項目都有其代表色，選取圖表元素，工具列選按 ▦ 開啟側邊欄，選按合適顏色套用，即可替換資料項目代表色。

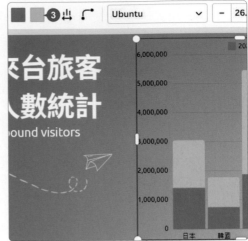

STEP
03 透過工具列的字型、文字顏色、粗體，調整圖表文字顏色與格式。

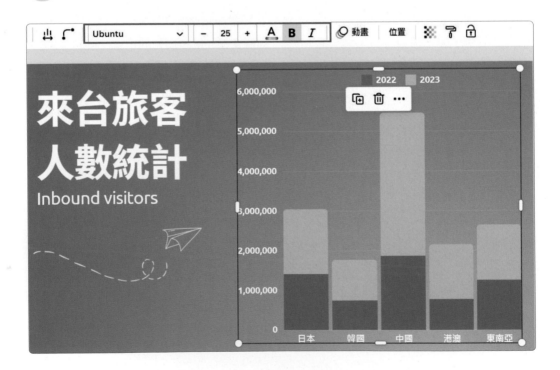

STEP 04 工具列除了可以調整顏色,部分圖表類型還有更多樣式可以微調,以堆疊直條圖為例,選按 調整資料欄間距,選按 調整圓角效果。

加入圖表標題與補充文字

最後側邊欄選按 **文字**,新增文字方塊完成圖表標題佈置 (圖表位置與大小可再依標題調整)。此外若套用的圖表類型無法顯示圖例,或圖例位置不合適,可利用文字方塊與形狀元素,標示代表色與相關資訊。

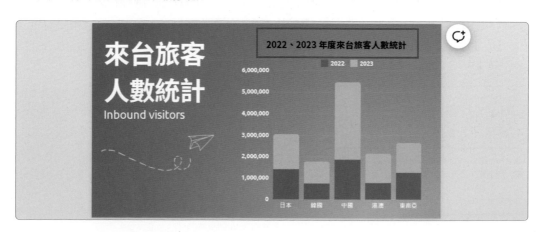

22 輕鬆產生進度資訊圖表

如果想製作一些跟任務進度或比例統計有關的資訊圖表，可以使用 Canva 內建的 **環形進度**、**進度環**、**進度轉盤**、**進度列**...等圖表元素來繪製。

STEP 01 開啟專案，側邊欄選按 **元素 \ 圖表** 查看所有圖表類型，於 **視覺資訊圖表** 類型選按 **環形進度**，插入至頁面。

STEP 02 選取環形進度圖表元素，側邊欄除了可以設定 **百分比** 與 **線條粗細** (輸入完需按 Enter 鍵)，還可開啟與隱藏 **百分比標籤** 和 **圓角端點**。

STEP 03 資料項目都有其代表色，選取環形進度圖表元素，工具列選按 ▦ 開啟側邊欄，選按合適顏色套用，即可替換資料項目代表色。

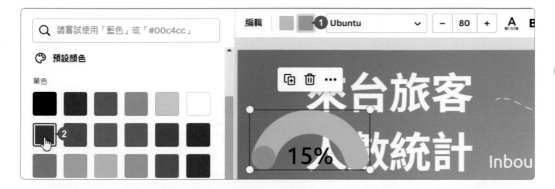

STEP 04 選取環形進度圖表元素，將滑鼠指標移至四個角落控點呈 ↖ 狀，拖曳調整至合適大小，再拖曳至頁面合適位置擺放。

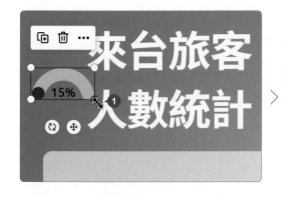 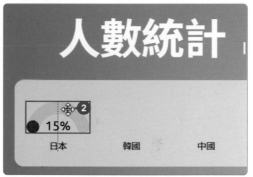

STEP 05 選取環形進度圖表元素，按 ▣ 四次，產生共四個環形進度圖表元素，然後分別拖曳到頁面合適位置擺放。

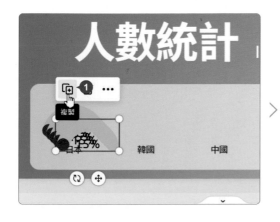 

選取五個環形進度圖表元素，工具列選按 **位置**，於 **排列** 標籤分別選按 ⬇ **靠下** (或 ⬆ **靠上**) 和 ⬌ **水平** 對齊。

最後分別選取環形進度圖表，於側邊欄設定合適的 **百分比** 值。

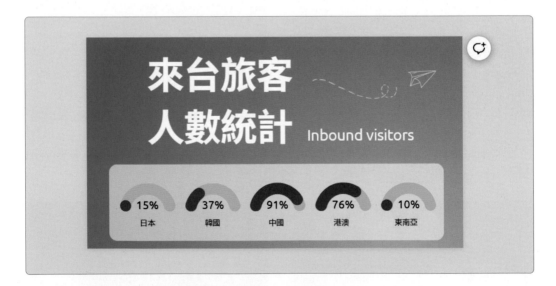

Tip

23 藉由範本快速完成更多圖表設計

除了於側邊欄的 **元素 \ 圖表** 加入單一圖表，如果希望針對整個頁面依圖表為主題快速進行設計，可套用圖表相關範本。

BEFORE AFTER

STEP 01 開啟專案，側邊欄選按 **設計**，搜尋列輸入以下關鍵字，可取得更多以圖表為主題的設計範本：Bar Chart (長條圖)、Pie Chart (圓餅圖)、Line Chart (線圖與面積圖)、Table Chart (表格式圖表)、Dashboard (數據儀表板)。

STEP 02 選按合適的範本套用後，依前面二個 Tip 示範的圖表編輯方式，為圖表套用合適的文字與數據說明即可。

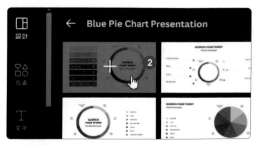

Tip 24 簡報的圖文自動排版

版面配置 功能可以為簡報中的文字與圖片，自動產生建議的版面配置，省去設計與排列時間，快速佈置頁面內容。

BEFORE .... **AFTER**

開啟專案，側邊欄選按 **設計 \ 版面配置** 標籤，下方清單會針對編輯畫面的內容，產生建議的版面配置，利用垂直捲軸找到合適版面，選按即完成版面更換。

小提示

建議的版面配置隨時更新

建議版面配置清單，會根據頁面文字或圖片的增刪或調整，隨時更換新的版面配置；若為完全空白專案，則會給予該類別專案所有合適版面配置。

Tip 25 為簡報套用多款同風格範本並統一色系

為簡報套用多款同風格的範本設計，快速組合專案內容，並藉由色調營造形象與風格的一致性，大幅提升質感！

BEFORE   AFTER

套用風格相近的多款範本設計頁面

STEP 01 開啟專案，側邊欄選按 **設計 \ 範本** 標籤，輸入關鍵字，按 Enter 鍵開始搜尋。選按合適範本，再選按其中一個頁面的設計款式套用至空白頁面。

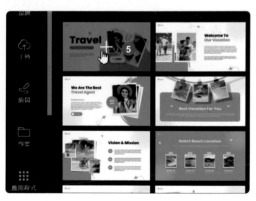

STEP 02 頁面清單中選按 + 新增一個頁面，接著套用此範本另一個頁面的設計款式。

STEP **03** 延續前面的操作，於側邊欄剛剛套用的範本清單頁，利用垂直捲軸往下捲動，在 **更多類似範本** 中，會看到風格相近的簡報範本，這時選按第二個合適範本。

STEP **04** 頁面清單中選按 ⊞ 新增一個頁面，於第二個範本套用其中一個頁面的設計款式。依相同方法新增頁面並套用此範本其他頁面的設計款式。

統一頁面配色

STEP **01** 頁面清單第 1 頁縮圖上按一下，再於側邊欄 **設計** 清單選按左上角 ← 回到上一頁。

STEP 02 側邊欄選按 **設計 \ 樣式** 標籤 \ **調色盤 ** 任一配色項目，會看到該組配色套用至目前選取的頁面，之後再重複選按該項目，會根據組合內的色彩隨機套用，當套用了合適的色彩，選按 **套用至所有頁面** 鈕完成全部頁面套用。

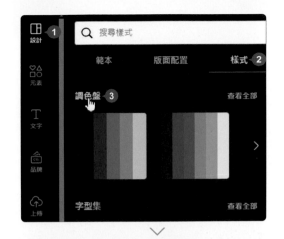

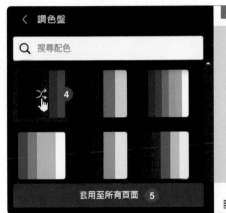

My Note

Date:

04

動畫效果與
影音多媒體

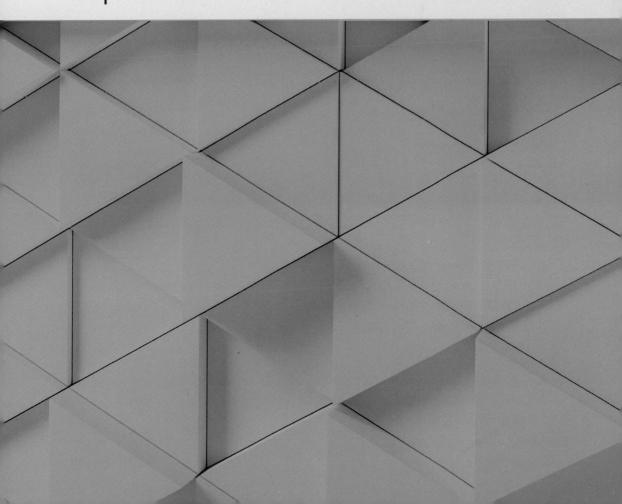

1

用 "魔法動畫工具" 快速依設計內容套用動畫

魔法動畫工具 可以針對簡報、社交媒體、影片...等類型 (部分類型無法套用)，讓 AI 幫你設計動畫，根據設計與佈局快速套用最適合的動畫效果。

BEFORE　　　　　　　　　　　　　　　　　　　　　　AFTER

STEP 01　開啟專案，於頁面清單選取欲套用動畫的頁面，工具列選按 ◎ **動畫** 開啟側邊欄，選按 **魔法動畫工具**。

STEP 02　Canva 會依目前設計內容自動分析並製作合適的動畫風格，分別為 **建議風格** 與 **替代風格** 二個項目，選按合適動畫樣式，直接套用至整份專案。

套用動畫後，若要移除可於側邊欄下方選按 **移除魔法動畫** 鈕，即可刪除所有動畫效果。

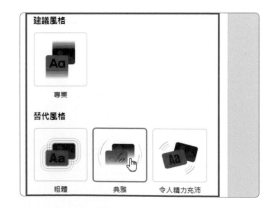

Tip 2 設計自訂路徑元素動畫效果

透過拖曳元素的方式，自訂動畫路徑，並根據需求調整移動樣式、速度或動態效果，建立專屬動畫。

BEFORE

AFTER

STEP 01 開啟專案，選取元素，工具列選按 ⚙ **動畫** 開啟側邊欄，於 **元素動畫** 標籤選按 **建立動畫**。

按滑鼠左鍵不放，拖曳元素延著山坡弧度由左向右建立移動路徑，過程中拖曳快或慢，可控制動畫速度；若停止拖曳即完成動畫並可預覽移動效果。

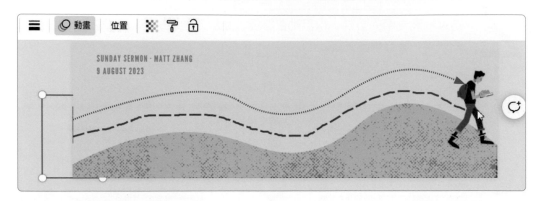

動畫移動時間長度預設為 10 秒，可根據需求於頁面清單下方選按 **時長** 調整；側邊欄則提供 **移動樣式**、**使元素沿著路徑移動**、**高速** 與 **新增動態效果** 自訂項目，最後選按 **完成** 鈕儲存設定；或選按 **刪除路徑** 鈕移除動畫重新拖曳。

Tip

3 指定文字、圖片...等物件動畫播放時間點

調整同一頁面上設計的文字或其他元素開始、結束時間點，讓影片 (或簡報) 在播放時更具吸引力和專業視覺效果。

BEFORE   **AFTER**

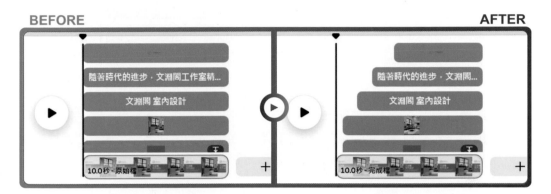

STEP 01 開啟專案，按住 `Shift` 鍵，一一選取頁面上已套用動畫效果的元素，選按 `⋯` \ **顯示時間**，元素時間軸會顯示在縮圖上方。

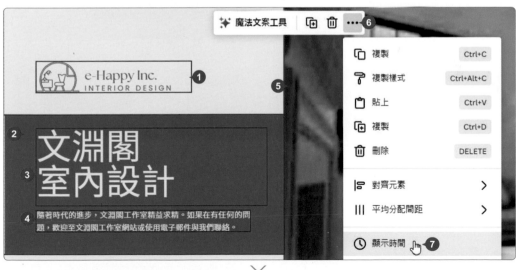

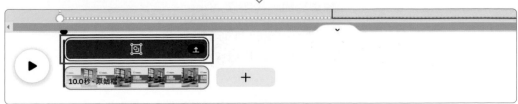

STEP 02 元素時間軸上選按 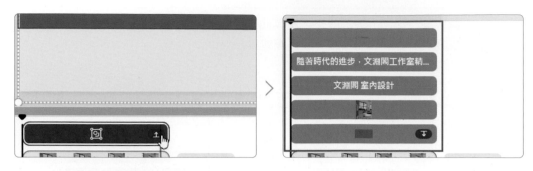 展開所有元素的時間軸。(選按 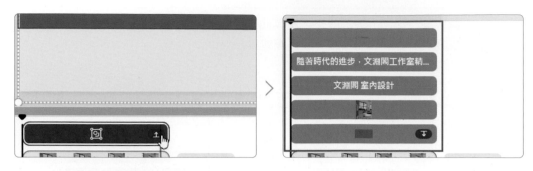 可以收回所有元素時間軸。)

STEP 03 將滑鼠指標移至欲調整顯示時間點的元素時間軸左側呈 ↔ 狀，左右拖曳可以調整該元素動畫的開始播放時間點；同樣的若將滑鼠指標移至元素時間軸右側拖曳，則可調整該元素動畫的結束播放時間點。

STEP 04 依相同操作方法，分別拖曳設定其他元素動畫的播放時間點，完成後於頁面空白處按一下滑鼠左鍵即完成。(可選按時間軸左側播放鈕，預覽效果。)

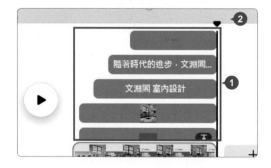

- 小提示 -

利用圖層調整各元素時間軸排列的先後順序

元素時間軸是依元素插入頁面的先後順序排列，透過 **位置 \ 圖層** 可以調整先後順序，這樣在安排播放時間點時就會方便許多。

Tip 4 設計影片專案前需先知道的事

Canva 提供各式影片版式與範本，讓使用者可以快速產生正確尺寸的專案與基本架構，再加入影片、音訊與文字素材完成製作。

後續 Tip 主要分享影片設計相關技巧，需開啟 **影片** 類型專案。Canva 首頁上方，選按 **影片** 類別，下方即會出現相關專案可供建立 (選按右側 > 鈕可以展開更多選項)。

如果是已建立的非影片類型專案 (例如：簡報)，可在專案編輯畫面選按 **調整尺寸與魔法切換開關 \ 影片**，核選 **影片**，再選按 **繼續** 鈕，選擇 **複製並調整尺寸** (或 **調整此設計的尺寸**)，即可將專案變更為影片類型。(此為付費功能)

Tip 5

剪輯影片頭、尾片段

影片時間長度太長或剪輯的時間點不合適，可以透過剪輯頭、尾影片片段調整出合適的時間長度。

BEFORE   AFTER

STEP 01 開啟專案，選取要剪輯的影片，工具列選按 ✂。

STEP 02 影片左右二側顯示滑桿，透過拖曳設定影片開始與結束時間，剪輯出合適片段，最後選按 **完成**。(影片剪輯後，可以利用 ▶ 和 ⏸ 預覽播放)

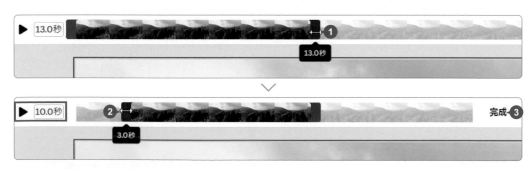

小提示

在時間軸上快速剪輯影片

於時間軸縮圖直接拖曳左、右二側邊界也可以剪輯影片。

剪輯影片中間片段

Tip 6

基本的影片剪輯只能調整開始與結束時間，如果要剪輯影片中的某個片段，可先分割後再以刪除或剪輯的方式完成。

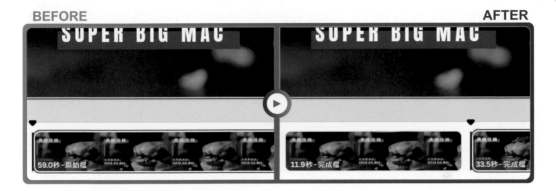

BEFORE — SUPER BIG MAC — 59.0秒 - 原始檔

AFTER — SUPER BIG MAC — 11.9秒 - 完成檔 — 33.5秒 - 完成檔

STEP 01 開啟專案，將時間軸指標拖曳至欲刪除片段的開始時間點，再於該處縮圖上按一下滑鼠右鍵，選按 **分割頁面**。

STEP 02 將時間軸指標拖曳至欲刪除片段的結束時間點，依相同操作方式分割頁面。接著於欲刪除的頁面縮圖上按一下滑鼠右鍵，選按 **刪除 1 頁**，將該片段刪除。

這樣就完成剪輯影片中間片段的操作，要特別注意，如果畫面中有使用頁面動畫，建議可移除頁面 **進入時** 及 **退出時** 的動畫，以維持畫面流暢。

設計多範本影片片頭並統一風格

運用多款範本設計影片,再套用合適的專案風格,統一整體色系與字型設計,迅速打造引人注目的片頭。

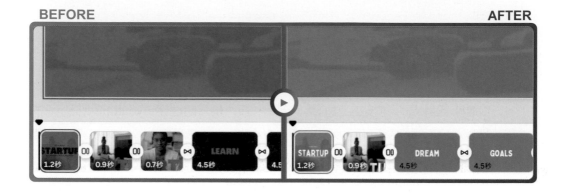

BEFORE   AFTER

套用多款片頭範本

在此將利用二個片頭範本製作片頭影片,以 YouTube 影片類型示範。

STEP 01 開啟一 1920 X 1080 像素的影片類型專案。

STEP 02 側邊欄選按 **設計 \ 範本** 標籤,輸入關鍵字「youtube片頭 blue simple」,按 Enter 鍵開始搜尋;選按合適的範本,再選按 **套用全部 7 個頁面** 鈕。

STEP 03 時間軸上選按第 3 頁，再按 Ctrl 鍵不放加選第 4 及第 7 頁面，按 Del 鍵刪除這三個頁面，再選按 ⊞ 新增一個頁面。

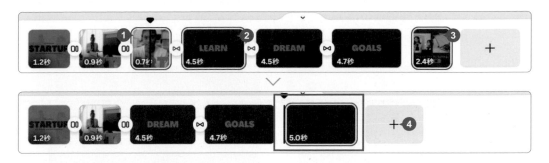

STEP 04 側邊欄 **設計** 清單選按左上角 ← 回到上一頁，輸入關鍵字「youtube片頭」，按 Enter 鍵開始搜尋，選按第二款合適的範本，再選按其中一個頁面的設計款式套用至剛剛新增頁面。

統一專案風格

專案設計時如果套用多款範本，常會遇到配色與字型設計不一致的狀況，這時可利用以下示範的二種方法快速統一。

方法一：側邊欄選按 **設計 \ 樣式** 標籤 (若無 **樣式** 標籤，先於清單選按左上角 ← 回到上一頁。)，清除上方關鍵字後，於 **配色與字型組合** 選按 **查看全部**，清單選按合適的配色與字型項目套用 (同一項目重複選按幾次會出現不同的配色組合)，再選按 **套用至所有頁面** 鈕，快速統一全部頁面的風格。

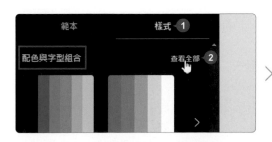

方法二：套用其他範本的風格

STEP 01　側邊欄選按 **設計 \ 範本** (若無 **範本** 標籤，先於清單選按左上角 ← 回到上一頁。)，輸入關鍵字「youtube片頭」，按 Enter 鍵開始搜尋，範本清單選按合適的範本，進入該範本後，可於側邊欄看到該範本預設的 **範本風格** 項目。

STEP 02　選按 **範本風格** 項目中的風格即會為目前頁面套用該風格的第一組配色與字型 (重複選按幾次會出現不同的配色組合)，確認配出滿意的風格後，選按 **將樣式套用至所有頁面** 鈕，以這個範本風格統一此專案中的色彩與字型。

─ 小提示 ─

套用其他範本的風格前須注意一件事

由於某些範本只有一款設計頁面，所以選按時會直接將該款設計頁面插入或取代原頁面，如果發生這樣的狀況，建議可以先新增一個空白頁面，再選按欲套用其風格的範本，套用完該範本風格後，再將該頁面刪除。

設計影片片頭文字、元素與背景音訊

片頭有了範本與樣式、風格的設計,接著只要加入品牌形象的識別、標語、音訊或是動畫圖片...等元素,即可完成影片片頭。

BEFORE　　　　　　　　　　　　　　　　　　　　　　**AFTER**

修改範本文字與加入品牌元素

STEP 01　開啟專案,時間軸第 1 頁縮圖上按一下,修改頁面相關文字內容與合適的字型尺寸,將動畫皆設定為 **進入時**,接著複製如圖文字至第 2 頁,將文字動畫全部移除,修改下方文字並移動至合適位置與調整 **透明度**。

STEP 02 依相同操作方法，修改第 3、4 頁的文字內容 (利用 **圖層** 可將文字方塊移至最上層方便編輯)，最後刪除第 5 頁預設的元素、文字，上傳並加入品牌圖案與名稱文字方塊 (或品牌標語) 及動畫。

替換範本影片

STEP 01 時間軸第 1 頁縮圖上按一下，側邊欄選按 **影片** (或於 **應用程式** 找尋)，輸入關鍵字「video game」，按 Enter 鍵開始搜尋，再拖曳至範本影片上放開完成替換。

 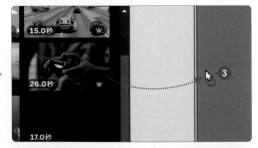

STEP 02 時間軸第 2 頁縮圖上按一下，依相同操作方法，拖曳相同影片元素至如圖位置，完成替換。

修改頁面時間與加入背景音訊

片頭一般來說都是簡短且進場時氣勢磅礴，修改時間長度與加入一段合適的背景音訊，可以讓片頭更加精彩。

STEP 01 參考下圖，將時間軸指標移至時間軸頁面縮圖右側呈 ↔ 狀，向左拖曳調整每一頁的時間長度。

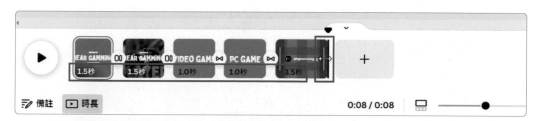

STEP 02 將時間軸指標拖曳至影片開始處，側邊欄選按 **音訊** (或於 **應用程式** 找尋)，輸入關鍵字「intro」，選按 ⚙ 並核選 **效果**，最後按 **Enter** 鍵開始搜尋。

STEP 03 選按音訊項目 ▶ 可試聽音訊的內容，挑選適合片頭風格的類型與時間長度，選按該音訊項目名稱即可加入至時間軸音軌。

9 設計 YouTube 影片片尾

片尾除了能讓觀眾知道影片已經結束，還可以帶入品牌的形象或是其他行銷廣告，另外像 YouTube 片尾還可以加入推薦影片與訂閱按鈕的設計。

BEFORE　　　　　　　　　　　　　　　　　　　　**AFTER**

YouTube 片尾範本預設都會有推薦影片及訂閱按鈕的區域，只要選擇合適的範本，就可以快速完成片尾製作。

STEP 01 於 Canve 首頁搜尋欄位輸入：「youtube片尾」，選按 **範本** 標籤，再按 Enter 鍵開始搜尋範本。

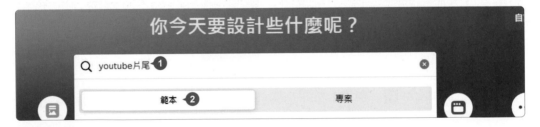

STEP 02 於搜尋結果清單中選按合適的範本，再選按 **自訂此範本** 鈕建立專案。

STEP 03 側邊欄選按 **設計 \ 樣式** 標籤，於 **最近使用的項目** (或 **配色與字型組合**) 選按合適的項目套用，完成後再調整範本中元素的色調與刪除不必要的元素。

STEP 04 側邊欄選按 **元素**，搜尋並插入合適的元素圖像，再選按 **文字**，新增文字方塊並輸入文字內容，調整大小與擺放至合適的位置。

STEP 05 最後，搜尋合適的 **影片** 元素替換背景，調整影片時間長度，再搜尋 **音訊** 加入合適的背景音訊，這樣就完成了 YouTube 片尾的製作。

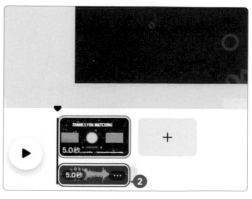

10 剪輯音訊與調整播放片段

如果音訊時間長度或是內容不符合影片，可以利用拖曳來剪輯，並使用 **調整** 功能調整出合適的音訊片段。

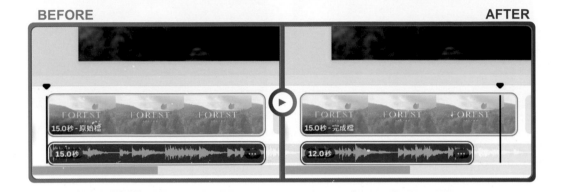

BEFORE　　　　　　　　　　　　　　　　　　AFTER

STEP 01 開啟專案，時間軸下方的音訊軌按一下開啟音訊軌，將滑鼠游指標停留在音訊結尾處呈 ↔ 狀，往左拖曳剪輯音訊曲目結尾處。

STEP 02 選按音訊物件，選按右側 ⬛ \ **調整**，將滑鼠游指標移至音軌上呈 ↔ 狀，往左或往右拖曳，參考音軌中的訊號來設定欲使用的部分，確認後頁面空白處按一下滑鼠左鍵即完成。

Tip

11 音訊混音與淡入淡出效果

Canva 可以搭配多個音訊達到混音效果，再利用淡入、淡出的調整，讓背景音訊無縫地融入影片當中。

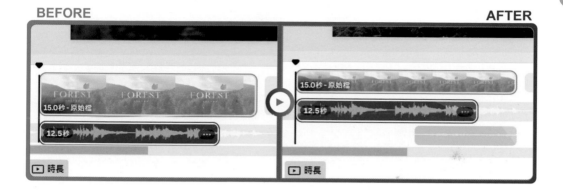

插入第二個音訊

STEP 01
開啟一份已加入有聲影片的專案，將時間軸指標拖曳至欲加入第二軌音訊時間點，側邊欄選按 **音訊** (或於 **應用程式** 找尋)，輸入關鍵字「鳥叫聲」，按 Enter 鍵開始搜尋。

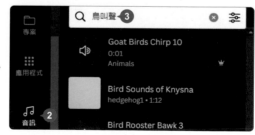

STEP 02
選按音訊項目 ▶ 可試聽音訊的內容，當挑選到合適音訊後，選按該音訊項目名稱即可加入至時間軸音軌。

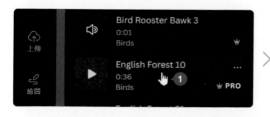
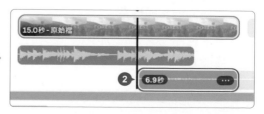

STEP 03 將時間軸指標拖曳至影片開始處，選按 ▶ 聆聽第二段音訊加入後的成果，再依狀況來剪輯或調整音訊的時間點。

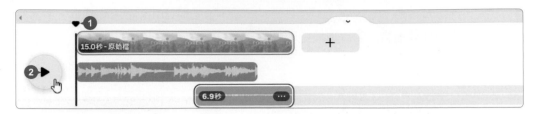

為音訊加入淡入淡出效果

STEP 01 時間軸選取欲加淡入淡出的效果的音訊 (在此選擇影片背景音訊)，工具列選按 **音效** 開啟側邊欄。

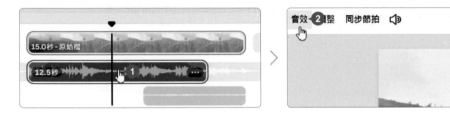

STEP 02 拖曳滑桿設定 **淡入：1.5 秒、淡出：3.0 秒**，讓背景音訊呈現出平滑的播放效果，再依相同操作方法設定第二個音訊的 **淡出：1.0 秒**。(設定完成的音訊前、後方會顯示淡化的三角形區域。)

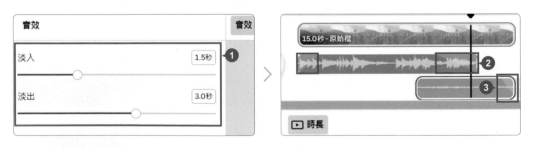

小提示

音量的調整與靜音

選取音訊後，工具列選按 🔊 可調整音量大小，或設定靜音，避免過多的音訊同時播放影響聆聽品質。

音訊同步節拍

透過 AI 技術尋找歌曲中的節拍,並將節拍轉換成音軌上的斷點,利用這些斷點可以讓頁面、元素與音樂節拍完美配合。

BEFORE   **AFTER**

STEP 01 開啟專案,時間軸下方的音訊軌按一下開啟音訊軌,時間軸選取要調整的音訊,工具列選按 **同步節拍** 開啟側邊欄。

STEP 02 選按 **立即同步** 呈 狀開啟,即會自動調整頁面時間長度及轉場效果對齊合適的節拍斷點。(開啟 **顯示節拍標記** 可在音軌訊號中看到節拍斷點。)

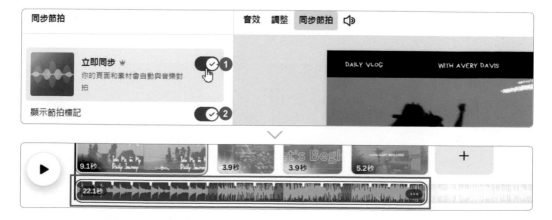

調整範本中的影片素材

有些範本已在設計中佈置了影片,想置換成自己的素材,可透過快速替換省下插入影片與重新調整大小的操作,再利用剪裁與旋轉呈現出需要的畫面。

BEFORE　　　　　　　　　　　　　　　　　　　　**AFTER**

美妝 Vlog　　　　　　　　　　　　美妝 Vlog

STEP 01 開啟專案,可於 **上傳** 上傳自己的影片;或於側邊欄選按 **影片**,輸入關鍵字,按 Enter 鍵開始搜尋。

STEP 02 於合適的影片素材上按住滑鼠左鍵不放,拖曳至範本影片上放開,完成替換。

STEP 03 選取頁面上的影片,工具列選按 **裁切**。

STEP 04 將滑鼠指標移至四個角落的控點呈 ↗ 狀,拖曳可以放大影片尺寸 (無法縮小至小於裁切範圍);將滑鼠指標移影片素上呈 ✛ 狀,拖曳可移動影片位置。

 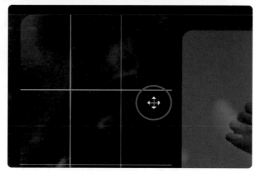

STEP 05 調整完成,工具列選按 **裁切** 完成替換,再依相同操作方法,替換範本其他二個影片內容。(操作中如需改變影片素材的角度,可調整側邊欄 **旋轉** 的值。)

美妝 Vlog

15 影片濾鏡套用

套用 Canva 預設的濾鏡效果：Natural、Warm、Vivid (生動)、Vintage (優質)、Mono(灰階)...等系列，可以讓影片瞬間轉化為另一種風格。

BEFORE　　　　　　　　　　　　　　　　　　　AFTER

STEP 01 開啟專案，選取影片，工具列選按 **編輯影片** 開啟側邊欄，選按 **效果** 標籤 \ **查看全部**。

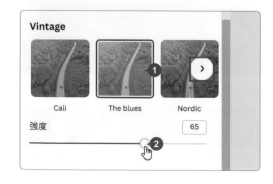

STEP 02 清單中選按合適的濾鏡套用，再拖曳 **強度** 滑桿設定濾鏡效果的強度。(可選按右側 ▷ 查看更多的項目)

Tip 16 影片白平衡、亮度對比、飽和度調整

如果對影片的亮度、對比度、飽和度...等其他顏色屬性不甚滿意,可透過 **編輯影片** 中的 **調整** 功能改變。

BEFORE   **AFTER**

STEP 01 開啟專案,選取影片,工具列選按 **編輯影片** 開啟側邊欄,選按 **調整** 標籤。

STEP 02 清單中分別有 **白平衡、淺色、顏色、材質**...等四種調整項目可供調整。

STEP 03 **白平衡** 可以改變影片色彩。不同光源的色溫可能會使影像呈現偏色，清晨的色溫偏藍，傍晚的色溫則偏紅，拖曳 **溫度** 與 **色調** 滑桿，可消除不同光源下的色溫偏差，確保色彩看起來自然而真實。

STEP 04 **淺色** 可以調整影片亮度對比，拖曳 **亮度**、**對比度**、**陰影**...等項目滑桿，設定合適的效果。

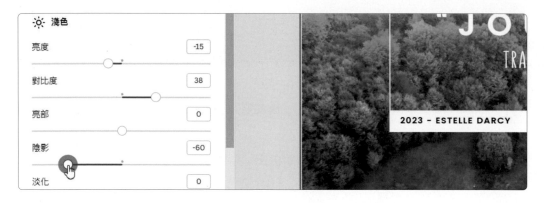

STEP 05 **顏色** 可以提高或降底影片的鮮豔度，拖曳 **明亮**、**飽和度**...等項目滑桿設定合適的效果。

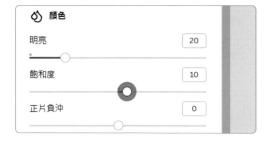

STEP 06 **材質** 可以幫影片加上相機鏡頭暗角的效果，拖曳 **暈影** 滑桿設定合適強度。

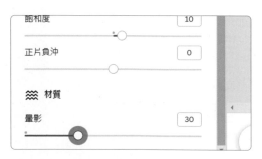

Tip 17 影片背景移除

背景移除可以讓影片只保留主體部分，使用者就能輕鬆以該主題再創作出其他影片作品。

BEFORE **AFTER**

STEP 01 開啟專案，選取影片，工具列選按 **編輯影片** 開啟側邊欄，選按 **效果** 標籤。

STEP 02 選按 **工具 \ 背景移除工具**，即會自動完成影片背景移除，最後再選按工具列 **編輯影片** 退出編輯模式。

選取影片，拖曳左、右二側裁切控點為影片調整合適的顯示範圍。(由於影片是動態播放，在調整顯示範圍時要注意去背的主體不要被裁切到，建議一邊調整一邊選按 ▶ 播放檢查。)

小提示

影片背景移除工具的限制

目前 **背景移除工具** 只支援原始長度不超過 90 秒的影片，如果該影片有在 Canva 執行剪輯秒數的調整，需先下載影片後再重新上傳至 Canva 雲端，才能使用這項功能。

影片太長而無法移除背景

未經編輯的原始影片檔不能超過 90 秒。請選取或上傳短一次。

另外，影片的背景移除無法像照片一樣，在套用 **背景移除工具** 後，還可以使用筆刷調整細節 (可參考 P3-18)，所以要移除背景的影片，建議選擇背景相對單純的素材，例如使用綠幕或素色的背景，否則背景移除後的效果可能會不如預期 (如右下圖)。

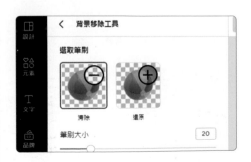 

Tip 18 調整影片播放速度

放慢影片播放速度，可以產生慢動作效果，反之，加快影片速度則猶如時光快速流逝；此外也可以利用播放速度來改變影片時間長度。

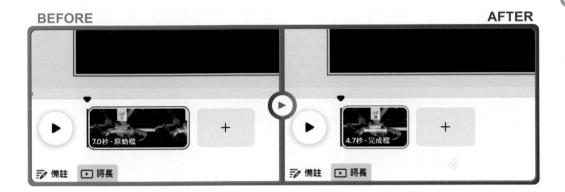

STEP 01 開啟專案，選取影片，工具列選按 **播放** 開啟側邊欄。

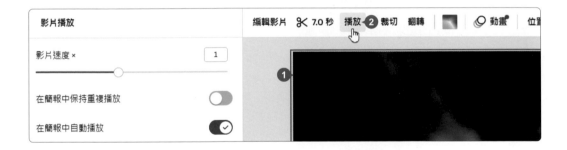

STEP 02 拖曳 **影片速度 x** 滑桿變更播放速度。(最快可調整至 2.0，最慢則可調整至 0.25。)

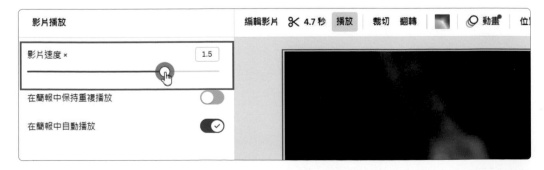

19 幫影片上字幕

為了讓觀眾清楚旁白內容,加上字幕是最好的方式;字幕通常出現在影片下方,且需要依旁白內容與時間點同步呈現。

BEFORE   AFTER

利用自動語音辨識幫影片加上字幕

Canva 目前支援自動語音辨識功能,會依影片旁白自動產生字幕。

STEP 01 於 Canva 首頁右上角選按 ⚙ 開啟設定畫面,側邊欄選按 **你的帳號**,並在清單選按 **字幕** 右側呈 ⬤ 狀開啟。

STEP 02 啟用輔助字幕功能後，開啟專案，選按 **檔案** 索引標籤 \ **設定** \ **在媒體上顯示說明文字**，播放影片時，就能看到影片下方自動產生字幕。

(如果要取消自動產生的字幕 (說明文字)，取消核選 **檔案** 索引標籤 \ **設定** \ **在媒體上顯示說明文字** 即可。)

─ **小提示** ─

使用 "顯示說明文字" 的限制

- 目前自動辨識的字幕只能在 Canva 平台上分享或僅供檢視，下載後的影片並不會包含字幕。

- 輔助字幕是自動產生，目前無提供可編輯的功能。

- 自動辨識支援多國語言，但其精確度仍無法達到絕對完美，目前以英文語系的辨識較為成功。這是因為每個人的說話風格和發音咬字都不盡相同，因此字幕內容出現錯誤是相當常見的現象。如果希望確保字幕的正確性，建議以手動方式添加字幕 (參考下頁說明)，這樣不只結果較完美，也能在下載影片時將字幕保留在影片中。

利用分割頁面替影片手動加上字幕

前面示範的自動語音辨識功能產生字幕，尚有多處的限制，因此再示範手動加上字幕的方式。(如果已開啟 **在媒體上顯示說明文字** 設定，需先關閉。)

STEP 01 Canva 手動上字幕，目前是藉由分割頁面的方式完成，所以需先將完成剪輯與旁白錄製的影片專案以 MP4 影片檔格式下載，再將其上傳至新專案才可開始製作。

STEP 02 佈置字幕區塊：側邊欄選按 **元素**，清單中 **形狀** 項目選按四方形的元素插入，參考下圖調整元素的大小與位置，再將顏色變更為黑色，設定 **透明度：20**。

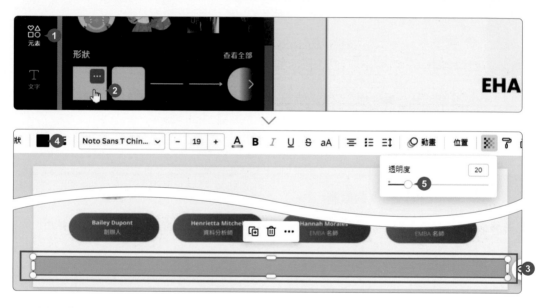

STEP 03 佈置字幕：側邊欄選按 **文字 \ 內文**，新增一文字方塊，輸入第一句字幕後，將文字方塊拖曳至字幕區塊中央位置，再設定合適的 **字型尺寸** 與 **對齊** 置中。

STEP
04 依旁白斷句時間點分割頁面：選按時間軸左側 ▶ 播放預覽，待旁白第一句話講完，選按時間軸左側 ❚❚ 暫停播放。

將滑鼠指標移至時間軸影片縮圖上，按一下滑鼠右鍵，選按 **分割頁面**，於此時間點分割頁面。

為分割出來的頁面替換第二句字幕文字內容，依相同操作方法，在合適的時間點，按一下滑鼠右鍵，選按 **分割頁面** 完成第二句字幕。

STEP
05 最後依相同操作方法，分別完成其他句字幕的內容替換，這樣即完成幫影片手動加上字幕的操作。

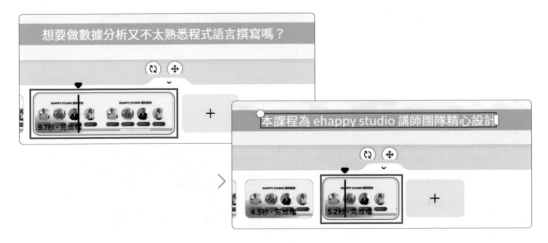

Tip 20 設計動態短影音照片簿

短影音不一定都要運用影片素材，只利用照片也是可以製作出令人驚豔的短影片作品。

BEFORE　　　　　　　　　　　　　　　　　　**AFTER**

建立短影片

標準短影片的尺寸比例為 9:16，利用 **社群媒體** 類別可快速建立專案。

Canva 首頁上方，選按 **社群媒體** 類別，下方即會出現相關專案可供建立，選按 **TikTok 影片** 或其他 9:16 比例項目，建立空白專案。(選按右側 ▶ 鈕可以展開更多選項)

將照片設定為背景並指定時間長度

STEP 01 將欲使用的照片素材上傳至 Canva (或是利用 **照片** 標籤搜尋欲使用的照片素材)。

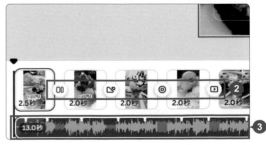
STEP 02 拖曳照片至頁面緣處放開,將照片替換成頁面背景 (如果拖曳放開的位置離頁面邊緣太遠,會變成插入動作。),依相同操作方式,再新增五個已替換照片背景的頁面。

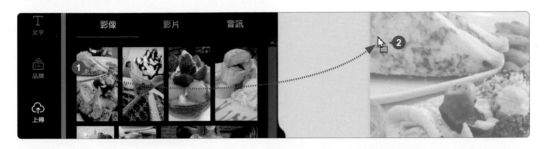

STEP 03 時間軸第 1 頁縮圖上按一下,工具列選按 ⏰,設定 **時間選擇:3.0 秒**,開啟 **套用至所有頁面** 即可將所有頁面設定相同時間長度。

加入設計元素並套用轉場

於 **文字、元素** 標籤,為各頁面設計合適的文字及元素,並套用元素動畫,再於 **音訊** 標籤中挑選合適的背景音樂加入;最後設定轉場特效完成短影片製作。

編輯畫面右上角選按 **分享 \ 下載**,匯出成影片儲存至行動裝置,再透過短影片平台 App 將影片上傳即可。

21 錄製攝影機與螢幕雙畫面以及旁白音訊

若影片中想同步呈現操作示範與講師入鏡畫面時,只要準備網路攝影機和麥克風,進入錄音室即可開始拍攝操作示範教學影片或是錄製旁白。

BEFORE   **AFTER**

螢幕與攝影機雙畫面同步錄製

STEP 01 開啟專案,確認攝影機與麥克風設備的線路已正確連接電腦後,側邊欄選按 **上傳 \ 錄製自己** (第一次使用會出現允許授權訊息,可選按 **允許** 鈕開始),畫面下方選按欲錄製的起始頁面 (在此選按第 2 頁)。

STEP 02 錄音室畫面右上角選按 **8 \ 攝影機和螢幕**。

STEP 03　首先需指定要分享的螢幕內容，可選擇 **Chrome 分頁**、**視窗**、**整個螢幕畫面** 類型，在此示範 **視窗** 標籤，選按欲使用的視窗 (三種類型操作方式均相同)，再選按 **分享** 鈕。

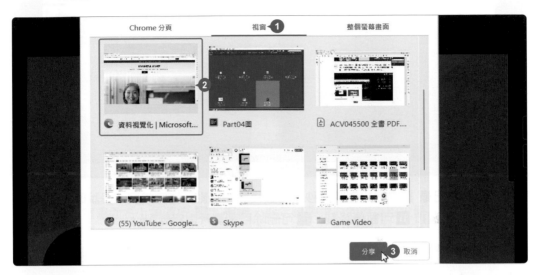

STEP 04　同樣於錄音室畫面右上角指定攝影機與麥克風設備，指定好後，隨意說一句話，確認 **記錄** 鈕下方是否有出現音訊訊號，以及確認上方的錄製預覽頁面左下角圓型視訊擷取畫面是否出現攝影機取得的影像。

STEP 04 當該頁旁白說完，選按 **完成** 鈕，接著可選按帳號圖像上的播放鈕聆聽內容，若錄製內容不理想可選按 **刪除** 鈕重新錄製，待確認無誤後，再選按 **儲存並退出** 鈕回到編輯畫面。

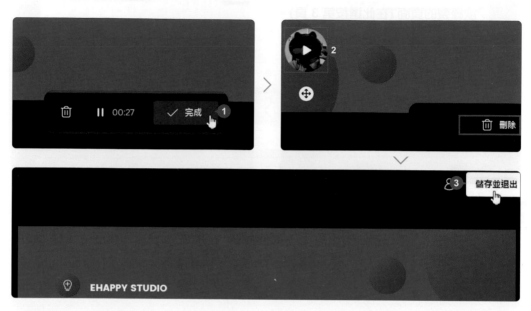

STEP 05 由於只需要旁白聲音不需要圖像，因此選取頁面上帳號圖像，工具列選按 ▨ ，設定 **透明度**：「0」，將其設定為透明。

Tip 22 影片、音訊素材的精準搜尋

如何在成千上萬的 Canva 元素中找到合適的影片、音訊素材，關鍵字運用及利用篩選功能，能讓你更精準的找到所要的項目。

利用多個關鍵字搜尋影片

STEP 01 開啟專案，側邊欄選按 **影片** (或於 **應用程式** 找尋)，輸入關鍵字「運動」，按 Enter 鍵開始搜尋，搜尋結果會出現跟運動有關的影片。

STEP 02 如果覺得搜尋結果還是太廣泛，可以再加其他關鍵字來縮小搜尋範圍，在第一個關鍵後按一個空白鍵，再輸入關鍵字「籃球」，按 Enter 鍵開始搜尋，搜尋結果會出現運動中與籃球有關的影片。

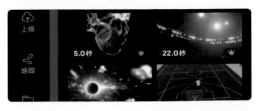

如果搜尋結果只要出現免費的影片素材，可以於搜尋列右側選按 🎚 開啟篩選器，核選 **免費** (此功能僅付費帳號支援)，這樣需付費的項目就不會顯示在搜尋結果清單中。

 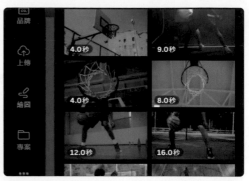

如果覺得二個關鍵字還是無法找到合適的項目，那可以再加上第三或第四個關鍵字，像是相關的形容詞、類別或是顏色...等，都有助於縮小搜尋範圍。

利用關鍵字、類型或作者搜尋音訊

側邊欄選按 **音訊**，輸入關鍵字「鋼琴」，按 Enter 鍵開始搜尋，接著於搜尋列右側選按 🎚 開啟篩選器，在 **類型** 項目中核選合適的項目 (可複選)。

將滑鼠指標移至合適的音訊項目上，選按右側 ⋯ 可看到該音訊相關的資訊，選按 **查看更多由....的內容**，清單中即會只顯示此作者的所有作品，方便在設計專案時，讓音訊的風格更加統一。

Tip 23 插入 YouTube 影片

設計專案時，可以將 YouTube 影片插入頁面，以下將示範二種方法。

BEFORE   AFTER

方法一：於瀏覽器中找尋並開啟要插入 Canva 的 YouTube 影片，選取其網址列的網址後，按 `Ctrl` + `C` 鍵複製。開啟 Canva 專案，選按要插入影片的頁面，再按 `Ctrl` + `V` 鍵貼上即可。

方法二：側邊欄選按 **應用程式**，選按 **熱門 \ YouTube** (第一次使用需選按 **開啟** 鈕)，輸入頻道名稱或影片關鍵字 (多關鍵字間以空白區隔)，按 `Enter` 鍵，再於清單中選按影片縮圖即可插入。

(使用他人的 YouTube 影片，記得注意版權相關事項，避免侵權...等問題。)

24 影片輸出 4K 高品質

目前 4K 電視普及率已漸漸提升，如果要在這樣高解析度的電視上播放影片，強烈建議下載 4K 品質的影片，可以充分體驗高質感的視覺效果。

BEFORE　　　　　　　　　　　　　　　　　　**AFTER**

影片
長度　　　　00:00:17
畫面寬度　　3840
畫面高度　　2160
資料速度　　9778kbps
總位元速率　9778kbps
框架速度　　30.00 畫面/秒
音訊
位元速率　　199kbps
頻道　　　　2 (立體聲)
音訊取樣率　44.100 kHz
媒體
參與演出者

STEP 01 開啟專案，畫面右上角選按 **分享** 鈕 \ **下載**。

STEP 02 指定 **檔案類型：MP4 影片**，拖曳 **品質** 滑桿至最右側設定為 **4K (UHD)**，再選按 **下載** 鈕，即可將專案下載儲存為 4K 品質的影片。

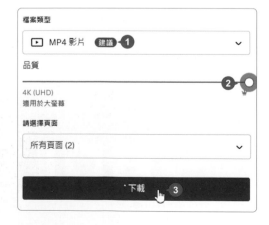

檔案類型
MP4 影片　建議 ❶

品質
　　　　　　　　　　❷
4K (UHD)
適用於大螢幕

請選擇頁面
所有頁面 (2)

下載　❸

25 橫式影片快速轉換為直式影片

因應跨平台的潮流,影片通常都會設計成橫式、直式二種格式,利用 **調整尺寸與魔法切換開關** 可以快速完成這樣的操作。

STEP 01 開啟專案,編輯畫面選按 **調整尺寸與魔法切換開關**,於 **依類別瀏覽** 中選按 **影片**,清單中核選欲轉換的直式影片格式,再選按 **繼續** 鈕。

STEP 02 選按 **複製並調整尺寸** 鈕,會將目前專案以建立複本的方式調整為指定的類別;若選按 **調整此設計的尺寸** 鈕則會直接調整目前專案。

轉換完成後,選按 **開啟行動影片** 鈕,最後再將影片內元素調整至適合直式影片的版面配置,即完成橫式影片轉換成直式影片的操作。

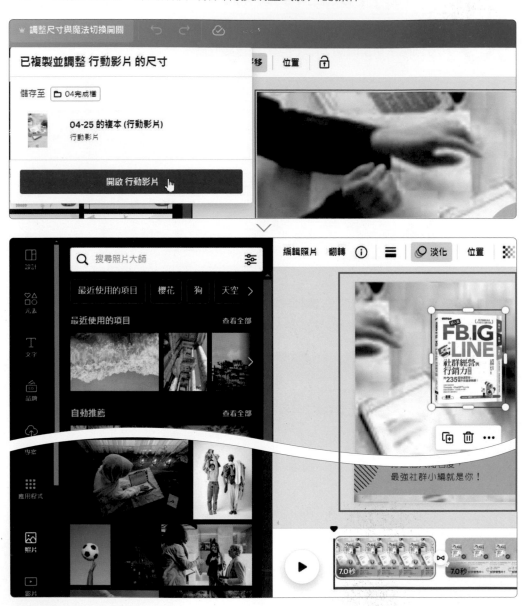

團隊協作
品牌與網站管理

建立和管理團隊

設計作品時,團隊合作和溝通是很重要的一環,在 Canva 建立團隊,團隊成員之間可以即時協作、同步、討論和分享設計資源。

建立團隊

Canva 的團隊功能可以邀請成員加入,更方便協同作業和設計管理,在此之前,先透過以下操作,建立屬於你的第一個團隊。

STEP 01 於 Canva 首頁右上角選按 ⚙ 進入帳號設定畫面,選按 **付款與方案 \ 建立新團隊** 鈕。

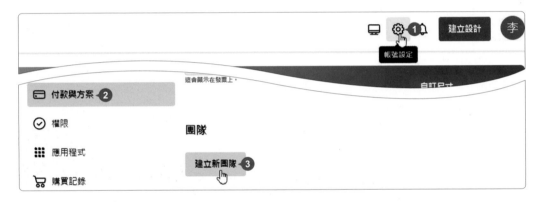

STEP 02 輸入 **團隊名稱**,選按 **建立新團隊** 鈕 (若使用企業帳號建立則會多一項同網域加入團隊方式的設定,可參考 P5-10 詳細說明。),於歡迎畫面選按 **開始吧** 鈕,直接切換至新的團隊畫面。(之後若要邀請成員加入,可參考 P5-6 操作說明。)

建立多個團隊與切換

因應不同工作項目或合作成員,可以建立多個團隊來區隔彼此屬性。

STEP 01 依相同操作方式,於帳號設定畫面 **付款與方案** 中建立另一個團隊,完成命名與建立。

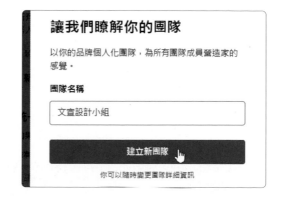

STEP 02 建立或加入多個團隊後,可於首頁左側選單選按團隊名稱,清單中選按想切換的團隊名稱,即可進入。

團隊重新命名

可以隨時根據不同的協作項目,為團隊重新命名。

STEP 01 於 Canva 首頁先切換至欲重新命名的團隊,畫面右上角選按 ⊙ 進入帳號設定畫面。

STEP **02** 選按 **團隊詳細資訊**，於 **名稱** 右側選按 **編輯**，輸入新的團隊名稱後，再選按 **儲存** 鈕，重整頁面即可發現團隊名稱已更改。

刪除團隊

只要是自己建立的團隊，都可以刪除，但是注意！一旦刪除會連團隊中的所有資源一起刪除。

STEP **01** 選按 ⚙ 進入帳號設定畫面，畫面左下角選按 **管理團隊**，右側會列出所有曾受邀加入與自己建立的團隊，確認要刪除的團隊，選按其右側 **刪除** 鈕。

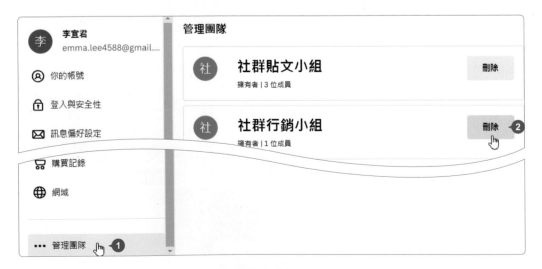

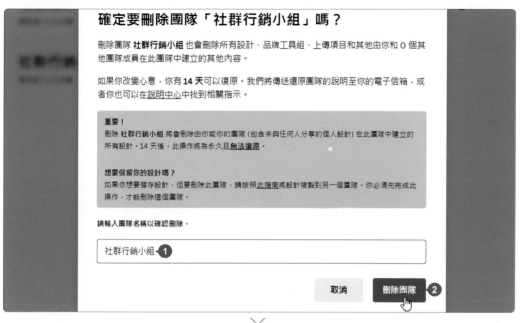

STEP 02 刪除團隊時，會一併刪除所有設計、上傳素材...等，確認無誤後，輸入要刪除的團隊名稱，選按 **刪除團隊** 鈕，之後會看到成功刪除團隊訊息。

確定要刪除團隊「社群行銷小組」嗎？

刪除團隊 **社群行銷小組** 也會刪除所有設計、品牌工具組、上傳項目和其他由你和 0 個其他團隊成員在此團隊中建立的其他內容。

如果你改變心意，你有 **14 天**可以復原。我們將傳送還原團隊的說明至你的電子信箱，或者你也可以在說明中心中找到相關指示。

重要！
刪除 社群行銷小組 將會刪除由你或你的團隊 (包含未與任何人分享的個人設計) 在此團隊中建立的所有設計。14 天後，此操作將為永久且無法復原。

想要保留你的設計嗎？
如果你想要儲存設計，但要刪除此團隊，請按照此指南將設計複製到另一個團隊。你必須先完成此操作，才能刪除這個團隊。

請輸入團隊名稱以確認刪除。

社群行銷小組 ●**1**

取消　　**刪除團隊** ●**2**

管理團隊

✓ 已成功刪除團隊 社群行銷小組。

社 **社群貼文小組**
擁有者 | 3 位成員

社 **社群行銷小組**　　　　　　　　　復原刪除項目
已排定永久刪除

小提示

取消或復原團隊刪除

刪除團隊的操作有 14 天緩衝期！想要取消或復原團隊時，均可在 14 天內選按 **復原刪除項目** 鈕，如果超過 14 天，團隊與設計、檔案將全數刪除。

2 邀請成員加入團隊

團隊的擁有者及管理員，可以邀請 Canva 帳號使用者加入團隊，提高團隊
協作效率。

在 Canva 建立好團隊後，後續操作均需付費升級為 **Canva 團隊版** 才能使用。一個團隊最多可以有 500 名成員；但超過 5 名成員，Canva 團隊需為超出的每位成員支付訂閱費用。

STEP 01 切換至團隊，Canva 首頁右上角選按 ⚙ 進入帳號設定畫面，選按 **團隊成員**，右側會列出團隊所有成員名單，選按 ➕ **邀請其他人**。(團隊擁有者與管理員才可直接邀請並加入；若為成員邀請其他人加入則需等待審核)

STEP 02 可以選按 **取得邀請連結** 鈕，藉由平常連繫的平台或以 Email 將連結傳送給成員，讓他們選按並登入 Canva 帳號加入團隊；或於下方直接輸入成員 Email，選按 **邀請使用者加入我的團隊** 鈕。

當對方接受邀請後，**團隊成員** 即會顯示已加入的成員，且團隊角色為 **成員**。

小提示

接收到團隊寄送的邀請

被邀請的成員，開啟 Canva 首頁時會收到通知；或會收到電子郵件通知，選按 **接受邀請** 鈕，就可以開啟並加入該團隊。

Tip 3 將成員從團隊移除

團隊的擁有者及管理員，可以移除成員，離開的成員將無法再存取團隊中所有建立或分享的專案、範本...等項目，而該成員所分享或建立的也會一併刪除。

STEP 01　切換至團隊，Canva 首頁右上角選按 ⚙ 進入帳號設定畫面，選按 **團隊成員**，右側會列出團隊所有成員名單。

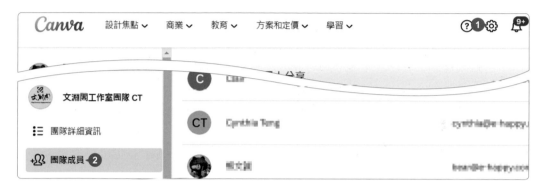

STEP 02　如果要移除單一成員，可於團隊角色右側選按 ⌄，清單中選按 **從團隊移除**。

STEP 03　若想將該成員從團隊中移除並且不保留其分享或未分享的設計專案，可核選 **只從團隊中移除**，選擇 **繼續** 鈕，最後再選按 **移除** 鈕。(若要保留該成員所有已建立或分享的項目，需核選 **轉移設計並從團隊中移除**，可參考下頁小提示說明。)

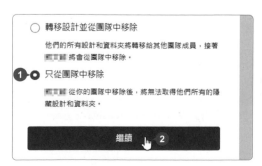

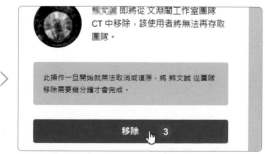

移除成員的同時希望保留並轉移其設計專案

移除成員前，若想將該成員所建立或分享的設計專案轉移至團隊其他成員，管理員可選按 ⚙ \ **權限**，再選按 **團隊內容** 標籤，核選 **擁有權轉移** 右側 ⚪ 呈 🔵 狀，開啟該功能。(5 天後才能正式使用此功能)

開啟此功能後，團隊成員會收到此功能已開啟的通知。待 5 天後可正式使用時，在移除團隊成員的方式中核選 **轉移設計並從團隊中移除**，再依步驟完成移除成員及指定接收資料成員的操作。

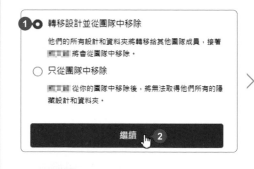

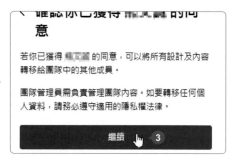

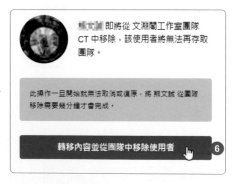

設定誰可以邀請成員或是離開團隊的權限

管理團隊時，掌控團隊人數是一件非常重要的事，成員隨意加入或是離開團隊，都會影響到整個團隊正常的運作。

切換至團隊，Canva 首頁右上角選按 ⚙ 進入帳號設定畫面，選按 **權限 \ 誰可以邀請新成員** 清單鈕，再依需求指定誰可以邀請新成員即可。(擁有者或管理員才有權限設定)

另外，為避免成員隨意離開團隊，導致他所建立或分享的項目一併消失，擁有者或管理員可設定 **誰可以離開這個團隊：僅限管理員**，之後成員離開團隊須經過擁有者或管理員的核准才可以離開。

想要離開的成員，可以選按 ⚙ 進入帳號設定畫面，選按 **團隊詳細資訊**，右側選按 **離開團隊 \ 離開團隊** 鈕，即可離開。(若團隊擁有者或管理員有設定 **誰可以離開這個團隊** 的權限時，則需等待權限擁有者核准後才可離開。)

5 允許同網域的成員加入團隊

如果使用企業 Email 註冊並登入 Canva，只要將 Email 網域加入團隊存取權限，即可讓同一個網域的同事也輕鬆加入團隊。

切換至團隊，Canva 首頁右上角選按 ⚙ 進入帳號設定畫面，選按 **權限 \ 誰可以加入這個團隊？** 清單中提供：

- ● **只有受邀的使用者可以加入**：只限於受邀者可以加入。
- ● **擁有 @***電子郵件的使用者可以加入**：不需要核准即可加入團隊。
- ● **擁有 @***電子郵件的使用者可以要求加入**：這是團隊預設項目，只要屬於同個網域的任何人，要求加入團隊時，都必須經過 **管理員** 核准才能加入。

若 **誰可以加入這個團隊？** 中設定為：**擁有 @***電子郵件的使用者可以要求加入**，日後當同網域的同事欲加入團隊時，畫面右上角選按帳號縮圖 \ **加入團隊**，會看到同網域中已建立的團隊，選按 **申請** 鈕即可要求加入。(若同網域的同事為首次加入 Canva，會於登入時出現下圖畫面，提醒有組織中的團隊可申請加入。)

6 Tip 團隊角色與權限設定

不同的團隊角色具有不同的權限和約束,因此明確指定每位成員的角色,可以使工作更加流暢,確保資源適當的使用。

切換至團隊,Canva 首頁右上角選按 ⚙ 進入帳號設定畫面,選按 **團隊成員**,右側會列出團隊所有成員,可以在欲更改的成員 **團隊角色** 選按 ✓,變更成員角色。

如果要調整多位成員角色,可核選每位成員項目最右側方塊,再於下方選按 ⚆,清單中選按合適的角色項目,一次變更。

各角色的權限差異可參考下列表格:

角色	權限
擁有者	團隊的建立者,可以刪除團隊,擁有與完整的團隊管理存取權限和功能。(包含下列所有)
管理員	與擁有者相同權限,但無法刪除團隊,可以設定及編輯團隊品牌工具組、品牌控制和建立品牌範本,或透過規劃工具安排社交媒體貼文時間點與內容。
品牌設計師	可以設定及編輯團隊品牌工具組、建立品牌範本,或透過規劃工具安排社交媒體貼文時間點與內容。
成員	可以存取與團隊成員共用的資料夾和設計,以及使用團隊品牌工具組和使用品牌範本建立專案。

7 變更與接收團隊擁有權

當團隊擁有者需要離開團隊時，可以進行擁有權的移交，將其交接給團隊中的成員，以確保團隊能夠繼續運作。

STEP 01 切換至團隊，Canva 首頁右上角選按 ⚙ 進入帳號設定畫面，選按 **團隊詳細資訊**，在 **變更團隊擁有者** 右側選按 **變更擁有者** 鈕。

STEP 02 清單中選按欲接替的成員帳號，選按 **繼續** 鈕。

STEP 03 確認無誤後，選按 **提名這位成員** 鈕將要求送出。

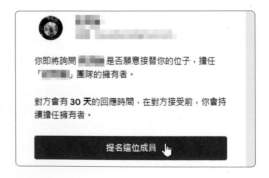

STEP 04 當要求送出後，被提名的成員會收到通知，畫面右上角選按 ，再選按 **待辦清單** 標籤中的訊息。

STEP 05 閱讀相關資訊，確認無誤後，選按 **願意** 鈕即完成團隊擁有者角色轉移與接收的操作。

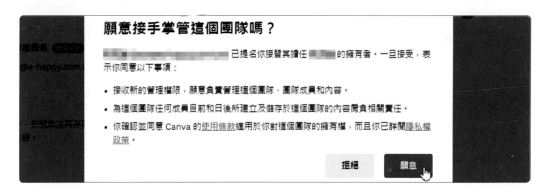

小提示

變更團隊擁有者角色需注意的事

變更團隊擁有者角色前，記得先確認目前團隊的付款方式，如果付款方式是目前擁有者個人的信用卡，建議將付款方式更新為公司核發或團隊共用的信用卡，以免變更擁有權後，無法再更新付款方式。

當團隊擁有者送出 **變更擁有者** 要求時，被提名的成員有 30 天的時間可以接受提名，在對方接受提名前，目前擁有者可以選按 **撤回提名** 隨時撤回提名。

在團隊中建立群組

Tip 8

當團隊擁有眾多成員時，可以透過群組的方式來管理工作性質不同的成員，以有效的將專案設計指定分享予同一群組成員。

STEP 01
切換至團隊，Canva 首頁右上角選按 ⚙ 進入帳號設定畫面，選按 **群組**，初次使用於畫面中選按 **建立群組** 鈕。(之後再建立其他群組，則在畫面右上角選按 **建立群組** 鈕。)

STEP 02
輸入 **群組名稱**，接著於 **邀請團隊成員** 欄位中輸入成員的名稱 (或電子郵件)，清單中選按欲加入群組的團隊成員。

STEP 03
依相同方法加入其他團隊成員，選按 **建立群組** 鈕即完成。

如此一來，待後續團隊成員需要分享專案設計時，不需要麻煩的一一指定，直接指定群組，即可快速針對群組內成員分享。
(可參考 P5-17 操作示範)

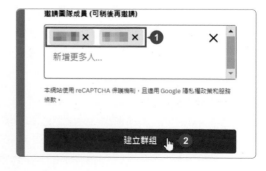

9 與整個團隊分享專案

建立團隊後如果要與成員共同編輯或評論專案，需先將專案分享給團隊才可以進行之後的操作。

STEP 01 切換至團隊，開啟專案，畫面右上角選按 ➕，於團隊名稱右側選按 🚫 **未分享**。

STEP 02 分享方式可選擇：**可供編輯、可以評論、可供檢視**，選擇合適的分享方式套用即完成設定。(後續若想取消分享或調整分享方式，可再次進入選按 **未分享** 或其他分享方式套用。)

團隊成員會收到分享通知，若要查看此已分享的專案，於 Canva 首頁選按 **專案**，上方檢視條件左欄選按 **與你分享**，即可看到分享的內容。

小提示

快速分享專案

除了上述方式，也可於 Canva 首頁選按 **專案**，將滑鼠指標移至專案縮圖上，選按 👥 (或 ⋯ \ **分享**)，再選擇欲分享的方式即可。

Tip 10 與指定的團隊成員或群組分享專案

Canva 專案，除了可以與整個團隊分享，也可以與特定團隊成員或團隊中的群組分享。

以指定團隊成員方式分享專案

STEP 01　切換至團隊，開啟專案，畫面右上角選按 ➕，於 **僅限有權限的使用者存取** 欄位中輸入成員的名稱 (或電子郵件)，清單中選按欲分享的團隊成員。

STEP 02　可依相同方式指定多位成員，接著於右側選按權限清單鈕，選擇合適的分享方式套用，最後於訊息欄位中輸入相關的訊息文字，再選按 **傳送** 鈕。(指定方享的成員會收到通知，並看到訊息文字)

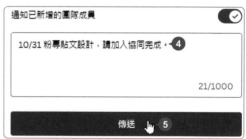

STEP 03　完成後，**僅限有權限的使用者存取** 下方名單中即會顯示此專案共同協作者。

團隊成員會收到分享通知，若要查看此已分享的專案，於 Canva 首頁選按 **專案**，上方檢視條件左欄選取 **與你分享**，即可看到分享的內容。

以指定群組方式分享專案

當要分享的成員較多時，可以利用群組的方式來指定分享。(建立群組方法可參考 P5-14 操作說明)

STEP 01 切換至團隊，開啟專案，畫面右上角選按 ➕，於 **僅限有權限的使用者存取** 欄位中輸入群組名稱，清單中選按欲加入的群組。

STEP 02 可依相同方式指定多個群組，接著於右側選按權限清單鈕，分享方式可選擇：**可供編輯、可以評論、可供檢視**，選擇合適的分享方式套用，最後於訊息欄位中輸入相關的訊息文字，再選按 **傳送** 鈕。

團隊成員若要查看此已分享的專案，於首頁選按 **專案**，上方檢視條件左欄選取 **與你分享**，即可看到分享的內容。

小提示

關閉專案的分享

如果專案不需要再與其他成員或群組分享時，開啟專案，畫面右上角選按 ➕，於要關閉分享的成員或群組項目右側選按 ✏ **可供編輯** 清單鈕 \ **移除** 即可關閉分享。

11 與團隊分享資料夾內的所有設計、圖像

如果在團隊中想分享或共用更多的專案、影像、影片...等素材,可以用分享資料夾的方式,待後續加入該資料夾的內容均會同步分享予團隊成員。

STEP 01 切換至團隊,於 Canva 首頁選單選按 **專案**,右側選按 **資料夾** 標籤。

STEP 02 畫面右上角選按 **新增** 鈕 \ **資料夾**。

STEP 03 輸入 **資料夾名稱**,接著於 **和你的團隊分享** 欄位中指定團隊名稱或群組名稱或成員電子郵件,再於分享對象右側選按 🐭 清單鈕 ,分享方式可選擇:**可編輯和分享、可供編輯、可供檢視**,選擇合適的分享方式套用,接著選按 **繼續** 鈕。 (若想取消分享資料夾,將分享權限設定 **未分享** 即可。)

STEP 04 完成資料夾建立與分享權限設定後，選按資料夾進入，選按 **新增設計** 鈕可將目前已建立的專案移至此資料夾中分享；選按 **建立設計** 鈕可直接在資料夾中建立新專案。

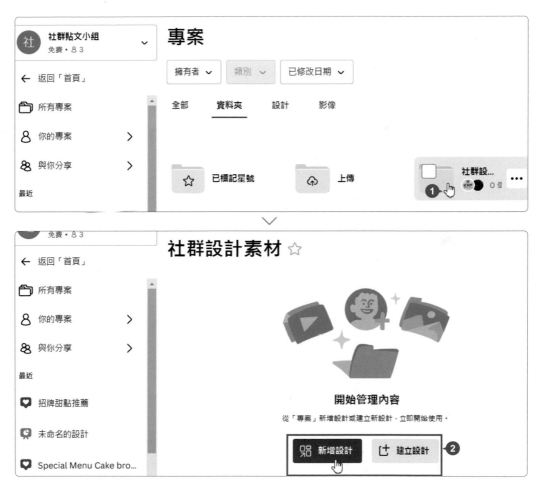

團隊成員若要查看此已分享的資料夾，於首頁選按 **專案**，上方檢視條件左欄選取 **與你分享**，即可看到分享的資料夾。

小提示

分享原有的自訂資料夾

如果要分享之前已建立的資料夾，只要於首頁選單選按 **專案 \ 資料夾**，資料夾名稱右側選按 ⋯ \ **分享**，於要分享的對象名稱右側選按 🐵，再選擇合適的分享方式套用即可。

建立品牌工具組

品牌工具組包含了品牌標誌、品牌顏色、品牌字型...等項目，利用這些內容可以讓整個團隊的每項設計維持一致的品牌形象。

Canva Pro、Canva 團隊版和 Canva 教育版的使用者可以建立品牌工具組，品牌工具組可建立並管理多達 100 個不同的品牌；團隊版中，只有 "擁有者"、"管理員"、"品牌設計師" 角色可以設定和編輯團隊的品牌工具組。

品牌標誌

STEP 01 於 Canva 首頁選單選按 **品牌 \ 品牌工具組**，初次使用請選按右側 **品牌工具組**。(之後如欲再新增可於右上角選按 **新增項目** 鈕新增)

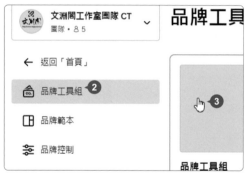

STEP 02 於 **標誌** 項目下方選按 🔼 開啟對話方塊，選取欲上傳的品牌標誌檔案，完成後在 **顏色** 項目中就會自動辨識並產生標誌的基礎配色，再選按 **保留** 即可。

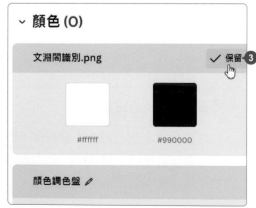

品牌顏色

STEP 01 於 **顏色** 項目下的 **顏色調色盤** 選按 ⊞ **新增顏色**，先拖曳下方滑桿至欲使用的顏色區域，再拖曳上方的深淺色控點取得正確的色彩。(也可以直接於下方欄位輸入色碼)

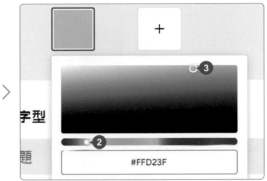

STEP 02 顏色縮圖下方選按 ✐，輸入顏色名稱，再按 Enter 鍵完成命名。

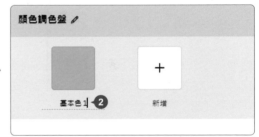

STEP 03 依相同方法，將常會運用到的顏色新增至 **顏色調色盤**，再分別完成命名 (同時也為品牌標誌的顏色命名)。

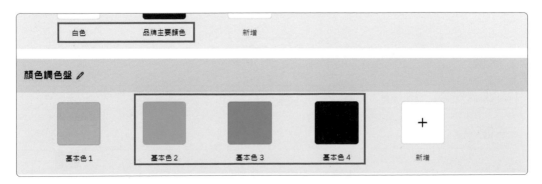

STEP 04 最後，於 **顏色** 項目右側選按 **新增項目 \ 新增準則**，輸入品牌顏色的使用規範說明，再選按 **儲存** 鈕，可以讓團隊成員在設計專案時遵循該準則。

品牌字型

STEP 01 於 **字型** 項目下方，各樣式名稱右側選按 ⟋，設定欲使用的字型，再設定預設的字型尺寸或其他格式，確認樣式名稱 (在此維持 **主題** 名稱)，選按 ☑ 儲存設定。

STEP 02 依相同方法，分別完成會使用到的其他字型樣式設定 (除上述樣式外，尚有副主題、標題、副標題...等七種文字樣式。)。

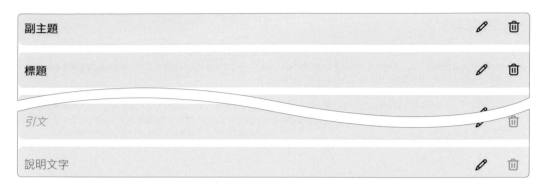

小提示

上傳字型

Canva 支援 OTF、TTF、WOFF 副檔名的字型檔，如果所擁有的字型有購買嵌入授權，即可將該字型上傳至 Canva，這樣在設定品牌字型時，清單中即可選擇該字型運用；另外每個品牌工具組最多可以上傳 500 個字型。

˅ 字型	+ 新增項目 ①
主題	**新增項目**
副主題	AA 新增文字樣式
	☁ 上傳字型 ②

品牌口吻

在品牌工具組設定品牌口吻，可以協助團隊成員於使用 AI 寫作小幫手 **魔法文案工具** 時，以品牌口吻為準則，輕鬆建立符合品牌形象的文案。

 STEP 01 於 **品牌口吻** 項目下方選按 **新增品牌口吻** 鈕。

STEP 02 欄位中輸入品牌形象的說明或是起源、理念、願景...等基礎內容，完成後選按 **儲存** 鈕即完成品牌口吻的設定。

∨ **品牌口吻**

常常聽到很多讀者跟我們說：我就是看你們的書學會用電腦的。是的！這就是寫書的出發點和原動力，想讓每個讀者都能看我們的書跟上軟體的腳步，讓軟體不只軟體，而是提昇個人效率的工具。

文淵閣工作室創立於 1987 年，第一本電腦叢書「快快樂樂學電腦」於該年底問世。後續推出「快快樂樂全系列」電腦叢書，冀望以輕鬆、深入淺出的筆觸、詳細的圖說，解決電腦學習者的徬徨無助，並搭配相關網站服務讀者。隨著時代的進步，讀者的需求，除了原有的 Office、多媒體網頁設計系列，更將著作範圍延伸至各類程式設計、攝影、影像編修與創意書籍，如果您在閱讀本書時有任何的問題或是許多的心得要與所有人一起討論共享⋯⋯，歡迎光臨文淵閣工作室網站，或者使用電子郵件與我們聯絡。

320/500

描述品牌的獨特個性，以及你與受眾溝通的方式。品牌口吻是吸引人們目光、建立聯繫並贏得信任的重要途徑。例如：「我們的口吻充滿自信、隨性且友善」。

| 刪除 | 取消 | 儲存 ② |

小提示

利用魔法文案工具建立文案

建立好品牌口吻後，未來在設計專案時，側邊欄選按 **品牌**，於 **品牌口吻** 項目中選按 **產生符合品牌口吻的文字** 鈕，再於 **品牌工具組** 對話框輸入文案描述，選按 **產生** 鈕，即可產生符合品牌形象的文案。

品牌照片、圖像、圖示

在品牌工具組上傳常會使用的照片、圖像或是圖示，方便團隊成員在設計專案時快速取用。(由於操作上一致，以下將以新增品牌照片示範說明。)

STEP 01 於 **照片** 項目下方選按 ⬆ 開啟對話方塊，選取欲上傳的照片檔案，選按 **開啟** 鈕。

STEP 02 上傳完成後，再為品牌照片重新命名即完成。

─ **小提示** ─

我已訂閱 Canva Pro，可以與朋友一起共用品牌工具組嗎？

想要與朋友一起共用品牌工具組，必須透過團隊的方式，如果你是訂閱 **Pro版**，當欲建立團隊加入好友時，Canva 會提示你必須升級為 **團隊版** 才可以加入其他成員並共用品牌工具組；如果未升級為團隊版，就算是透過分享方式將已套用品牌工具組的專案分享給朋友，對方也無法使用你所建立的品牌工具組。

13 建立品牌範本與套用

社群貼文或是品牌形象文宣，大多會使用風格一致的設計或是固定元素，使用品牌範本來建立專案，可以有效提升團隊的工作效率。

建立品牌範本並設定核准權限

STEP 01 於 Canva 首頁選單選按 **品牌 \ 品牌範本**。(團隊中只有角色為 **擁有者、管理員、品牌設計師** 才可以建立品牌範本。)

STEP 02 初次使用於畫面中選按 **建立品牌範本** 鈕，清單中選按欲建立範本的格式。(後續使用可選按右上角的 **新增項目** 鈕)

STEP 03 完成範本設計與命名後，畫面右上角選按 **發佈為品牌範本** 鈕。

STEP 04 預設會將範本儲存至 **專案** 資料夾中，也可自行指定存放的資料夾，若希望成員使用範本建立的設計專案經管理員核准才可分享，則需核選 **成員在使用此範本發佈前必須先取得核准**，最後選按 **發佈** 鈕即完成。(若沒有核選 **成員在使用此範本發佈前必須先取得核准**，則會影響 P5-29 Stop 04 設計核准設定中指定 **所選品牌範本** 的呈現結果。)

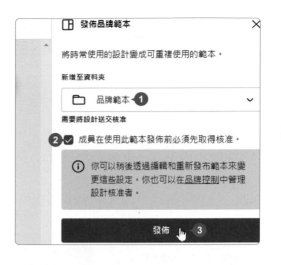

小提示

將既有的專案轉換為品牌範本

開啟專案後，畫面右上角選按 **分享** 鈕，再選按 **品牌範本** (或於 **顯示更多** 中選按)，確認欲存放的資料夾位置後，選按 **發佈** 鈕即可。

套用品牌範本

開啟專案後，側邊欄選按 **品牌**，於 **品牌範本** 項目中選按範本縮圖即可套用。(如果是多頁式範本，則再選按 **套用全部 * 個頁面** 鈕。)

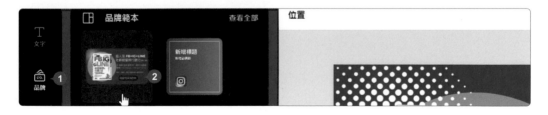

或於首頁選單選按 **品牌 \ 品牌範本**，右側清單選按欲使用的範本縮圖，再選按 **使用此範本** 鈕，即可建立依該品牌範本設計新專案。

14 品牌範本建立的設計需核准才可分享、下載

管理員可以啟用設計核准功能,每一位團隊成員使用品牌範本建立設計後,都需通過管理員確認,才可以分享或下載設計,維持品牌一致的形象。

啟用核准功能

STEP 01 切換至團隊,於 Canva 首頁選單選按 **品牌 \ 品牌控制**。

STEP 02 於 **設計核准** 右側 ⬜ 按一下左鍵呈 ⬛ 開啟該功能,再選按 ⚙ 開啟對話方塊。

STEP 03 於 **核准者** 標籤,成員清單中核選審核的成員,再選按 **儲存** 鈕。

STEP **04** 於 **條件** 標籤核選 **需要核准** 及 **所選品牌範本**，再選按對話方塊右上角 ❌ 關閉，完成設定。

(核選 **所選品牌範本** 即為 P5-27，Step 04 提及，建立品牌範本時核選了 **成員在使用此範本發佈前必須先取得核准** 的範本；若在此處核選 **所有設計** 則團隊成員完成的所有設計均需核准才能分享、下載。)

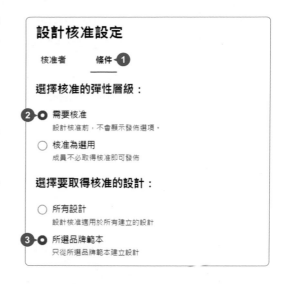

提交專案設計核准

當團隊成員完成品牌範本建立的專案設計後，需要先提交核准確認才能分享專案。

STEP **01** 成員開啟以品牌範本建立的專案設計，畫面右上角選按 **取得核准** 鈕，於 **核准者** 選擇負責的人員名稱，再於 **留言** 欄位中輸入專案相關說明，選按 **傳送** 鈕。

STEP **02** 核准者會於 Canva 首頁右上角會收到通知 🖼 (同時間也會收到電子郵件的通知)，再選按該通知開啟專案。

STEP 03 核准者可以直接進行即時編輯或是新增評論 (如同團隊協作作業)，確認完成後，於畫面右上角選按 **審查** 鈕，輸入訊息文字，再選按 **核准** 鈕即完成。

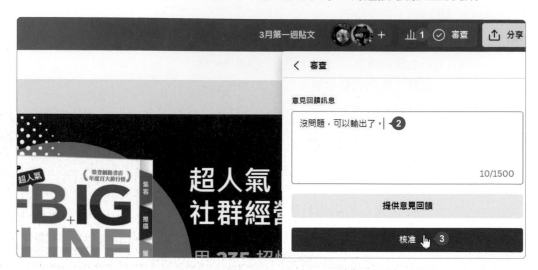

(核准者也可以提供意見後，選按 **提供意見回饋** 鈕將訊息回傳，提交成員依意見修改專案內容，然後重新選按 **取得核准** 鈕再次提交。)

STEP 04 當專案設計通過審查後，提交成員即可透過訊息或電子郵件直接開啟，完成分享、下載。(通過核准的專案設計會被鎖定，如果要變更內容，須選按 **繼續編輯**，編輯後再依相同方法提交核准要求。)

15 設計網站專案前需先知道的事

Canva 預設有許多不同類別的一頁式網站 (One-page Web) 範本，可挑選符合的項目直接開啟使用，快速完成網頁配色與文字設定。

可依以下操作方法建立一頁式網站設計專案：

STEP 01 Canva 首頁上方，選按 **網站** 類別，下方即會出現相關專案可供建立，選按合適的項目建立此類型的空白設計 (在此示範 **零售網站** 類型)。(選按右側 ▷ 鈕可以展開更多選項)

STEP 02 側邊欄會顯示 "零售網站" 相關的 **範本** 清單，選按合適範本，進入範本會看到相關的版型設計，選按 **套用全部 * 個頁面** 鈕，可以完整套用至專案。(也可以只選按合適的版面配置頁面套用)

STEP 03 建立好專頁後，於頁面下方確認已開啟頁面清單，方便後續操作瀏覽 (如未開啟可選按 ∧)。

如果是已建立的非網站類型專案，則可在該專案編輯畫面，選按 **調整尺寸與魔法切換開關**，搜尋欄位中輸入「網站」，核選合適的項目，選按 **繼續** 鈕，再選按 **複製並調整尺寸** 或 **調整此設計的尺寸** 鈕，即可將專案變更為網站類型。(此功能為付費項目)

Tip

16 為網站加入連結

網站連結可以讓使用者更容易找到網站中特定的頁面，也可以連結至外部網站，使用其他網站的資料，提高網站整體互動率。

設置頁面連結

開始建立頁面連結之前，首先要為頁面標題命名，這樣在設定頁面與頁面之間的連結時，才能確保連結至正確的頁面。

STEP 01 開啟網站設計專案，頁面清單第 1 頁縮圖上按一下滑鼠右鍵，選按 ✏️，輸入「home」，再按 **Enter** 鍵，完成該頁頁面標題新增。

STEP 02 依相同方法，參考下圖修改第 2~6 頁的頁面標題。

在第 1 頁 "時尚潮人" 頁面選取矩形元素,選按 ⋯ \ **連結**。

選按 **此文件中的頁面** \ **6-contact**,再選按 **完成** 鈕。待後續預覽網站專案作品時 (可參考 P5-36),即可測試連結設定是否正確,選按該方框會跳至指定頁面。

設置外部連結

在第 2 頁 "線上即時下訂" 頁面選取矩形元素,選按 ⋯ \ **連結**。

■ 5-34

02 於 **輸入連結或搜尋** 欄位按一下滑鼠左鍵，輸入欲連結的網址，再按 Enter 鍵。

03 依相同方法，參考下圖，完成 "專業客製化"、"聯絡我們" 頁面的元素連結設定。

04 如果要將 email 位址也加入連結，則需要在 **輸入連結或搜尋** 欄位中先輸入「mailto:」，接著再輸入 email 位址，按 Enter 鍵，這樣選按才會啟用預設的郵件軟體開啟新空白郵件。

17 網站設計跨平台預覽及調整

發佈網站前得先預覽一下，針對跨平台不同畫面比例，調整網頁配置，優化視覺設計。

以電腦或行動裝置模式預覽網站

STEP 01 開啟網站設計專案，畫面右上角選按 **預覽**。(初次預覽會以桌上型電腦的畫面顯示)

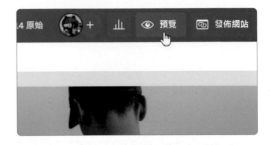

STEP 02 畫面中會出現一個虛擬瀏覽器顯示網頁內容，這時可以依平常觀看網站的方式去瀏覽並測試連結按鈕是否正常；透過上方導覽列的設定，可以切換顯示或不顯示導覽列。(導覽列即畫面最上方的各頁選單按鈕，若有指定頁面標題即會出現在此)

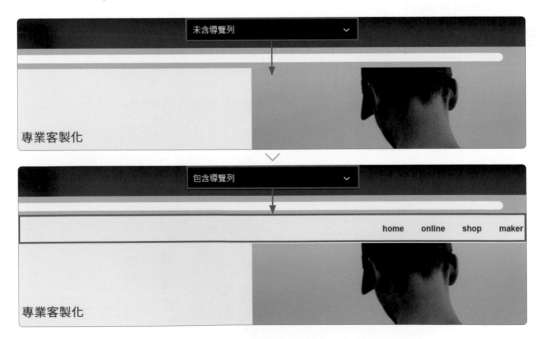

STEP 03　畫面右上角選按 ，即可以切換為行動裝置模式預覽網頁內容；再選按 🖥 則可切換回桌上型電腦預覽模式。

跨平台版面調整

STEP 01　使用行動裝置預覽時，可以看到 "時尚潮人" 頁面的文字方塊間的空白處太多，於畫面左上角選按 **關閉** 鈕。

STEP 02　在 "時尚潮人" 頁面選取如圖文字方塊與元素，稍微向上拖曳，完成後右上角選按 **預覽** 鈕，再於行動裝置模式預覽網頁即可看到經過調整後的結果；最後分別依相同方法調整各頁的元素或文字方塊置中的操作，完成跨平台版面調整。

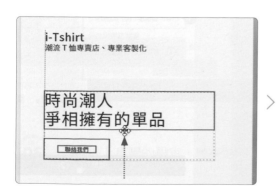

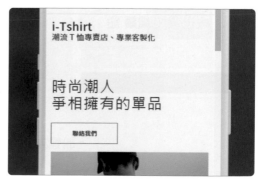

20 將網站發佈至自己購買的網域

Canva 無法代購 .tw 的網域名稱,可以透過中華電信、遠傳 FET、網路中文...等其他平台註冊購買 .com.tw 或是 .tw 的網域名稱。

若自己或公司已有付費購買網域,在升級為 Canva Pro 或團隊版後,可以連接至已購買的網域。

STEP 01 開啟網站設計專案,畫面右上角選按 **發佈網站** 鈕,核選 **在行動裝置上調整尺寸**,設定是否要有導覽列 (此範例設定 **包含導覽列**),發佈至:**使用的現有的網域**,選按 **繼續** 鈕。

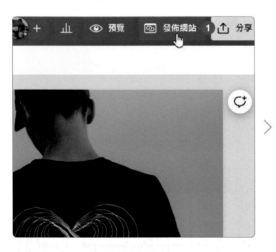

STEP 02 選按 **新增其他網域** 項目,接著輸入向其他公司購買的網域名稱,再選按 **繼續** 鈕。

(以下操作需要配合 DNS 設定，不同網域供應商都有自己更新 DNS 記錄方式，流程可能有所差異，如果操作上遇到問題時，可以向網域供應商尋求協助，或是由公司的資訊管理員來操作此部分設定。)

STEP 03 首先於 **新增 TXT 記錄** 項目中，分別選按 **名稱/主機/別名** 與 **值/指向** 右側的 **複製** 鈕，再將該記錄值填入網域主機的 DNS 相對應的設定欄位，完成後再選按 **已新增 TXT 記錄** 鈕。

STEP 04 依相同方式，分別將後續二個 **新增 A 記錄** 的記錄值的填入，最後完成選按 **連結網域** 鈕。

STEP 05 輸入標籤名稱、**頁面 URL** 及 **頁面描述** 說明文字，選按 **發佈** 鈕，之後就等待網域驗證成功後，即可使用設定的網域連接網站。

(Canva Pro 與團隊版的使用者，最多可以連結 5 個現有的網域，可參考 P5-45 操作說明來管理已發佈的網域。)

Tip
21 取消已發佈的網站

如果想關閉已發佈的網站，可在 Canva 中取消發佈狀態，這樣該網址即會失效，其他人就無法再造訪該網站。

STEP 01 開啟要取消發佈的網站專案，畫面右上角選按 **發佈網站** 鈕，再選按 **取消發佈網站** 鈕。

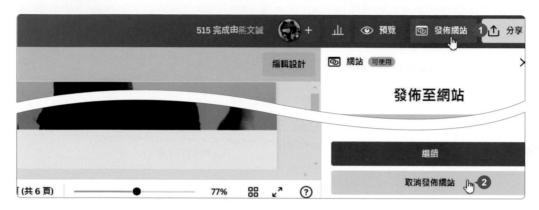

STEP 02 選按 **取消發佈網站** 鈕即可取消。

小提示

重新發佈網站

之後如果想再重新發佈網站，只要依 P5-38 的操作方式即可再重新發佈，但會延用原本已設定好的網域名稱，如需變更網域名稱可參考 P5-45 的說明。)

Tip 22 管理發佈的網域

不管是變更免費網域的名稱，或是要取消續訂網域，都可以透過 Canva 的
網域管理來維護。

Canva 免費網域名稱的變更或移除

Canva 免費網域名稱可因應品牌或網頁內容變更相對應的名稱，或是刪除已不再使用的
免費網域 (免費版的網域最多可設有 5 個上線網站)。

STEP 01 於 Canva 首頁右上角選按 ⚙ 進入帳號設定畫面，選按 **網域** 開啟網域管理的
畫面。

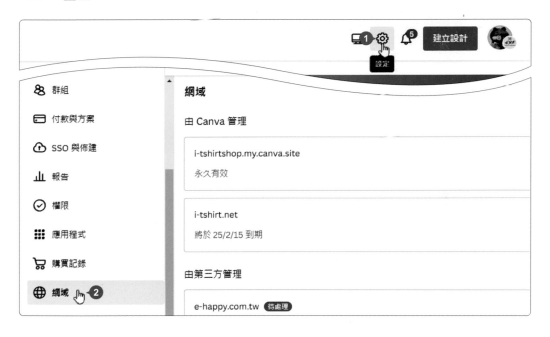

STEP 02 於要變更免費網域名稱的項目右
側，選按 **檢視** 鈕。

STEP 03 選按 **編輯** 鈕，再輸入欲變更的名稱，選按 **儲存** 鈕即完成。(網域名稱變更後，設計轉移到新網域期間，你的網站可能會離線幾分鐘。)

STEP 04 若是不想再使用此組免費網域，可於該網域的檢視畫面中選按 **移除** 鈕，再選按 **移除網域** 鈕即可。

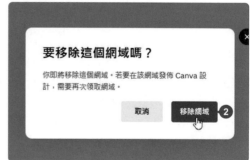

取消 Canva 代購網域自動續訂

透過 Canva 購買的網域，預設為每年自動續訂，如果不想再使用，可以將自動續訂功能關閉。

STEP 01 進入 **網域** 管理畫面，於要取消自動續訂的網域名稱右側選按 **檢視** 鈕。

STEP **02** 將滑鼠指標移至 **網域註冊** 右側 ⬤⊙ **自動續訂開啟** 上按一下左鍵，呈 ⬤ **自動續訂關閉**，這樣即可取消自動續訂的功能。

管理第三方網域

在 P5-42 所操作的設定就是所謂的第三方網域，透過 **網域** 管理畫面，可以檢視 DNS 設定記錄值相關資訊，如果不再使用此網域也可以由此中斷連結。

STEP **01** 進入 **網域** 管理畫面，於要管理的第三方網域名稱右側選按 **檢視** 鈕。

STEP **02** 於檢視畫面中選按 **移除 \ 移除網域** 鈕，就可以讓此網域連接失效；畫面下方則是顯示 **DNS 設定** 的各項記錄值相關資訊。

23 Canva 網站數據分析

Tip

已經發佈的網站，Canva 會開始記錄網站的瀏覽數、流量以及互動率...等相關資訊，可以透過這些數據分析，加強網站的營運或是內容補強。

STEP 01

開啟已發佈的網站專案，於編輯畫面上方選按 開啟 **深入分析** 面板，於 **瀏覽數** 選按 **即時、國家或地區、裝置** 標籤，可查看即近期網站到訪人數、地區及使用何種設備。(面板右上角可設定欲分析查看的天數)

STEP 02

選按 **流量** 可查看訪客是透過哪種管道瀏覽網站；選按 **互動率** 則可以了解網站中所設定的連結被點擊了多少次。

PART

06

展示分享

Tip 1

用簡報模式展現設計

透過 **展示簡報** 功能，依簡報屬性選擇合適的呈現方式，有效傳達內容與想法；另外熟悉內容與多加練習則是成功展示的不二法門！

展示方式 - 以全螢幕顯示

進入全螢幕的簡報顯示畫面，過程中可以依自己的節奏，利用滑鼠左鍵或鍵盤方向鍵切換頁面。

STEP 01 開啟專案，切換至要開始展示的頁面，直接按 Ctrl + Alt + P 鍵即可以全螢幕顯示播放；或畫面右上角選按 **展示簡報 \ 以全螢幕顯示**，再選按 **展示簡報** 鈕。

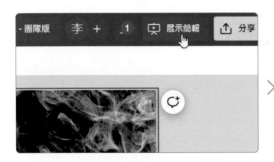
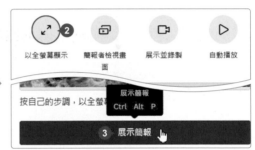

STEP 02 當該頁講解完後，按一下滑鼠左鍵可跳至下一頁；或按方向鍵 ↑、↓、←、→可前後翻頁。展示過程中可按 Esc 鍵退出，或在畫面上按一下滑鼠右鍵，選按**退出全螢幕模式**。

展示方式 - 自動播放

需先設定專案每頁的播放秒數，當簡報進入全螢幕展示畫面時，會依播放秒數自動播放下一頁，並循環播放。

STEP 01 工具列選按 ⏱，設定 **時間選擇：7.0 秒**，於 **套用至所有頁面** 右側選按 ⚪ 呈 ⚫ 狀，如此即指定每頁播放 7 秒。

STEP 02 切換至要開始展示的頁面，畫面右上角選按 **展示簡報 \ 自動播放**，再選按 **展示簡報** 鈕可自動播放。

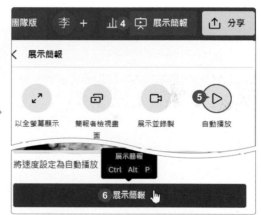

展示方式 - 簡報者檢視畫面

常用於線上教學或教室投影畫面時：畫面上會顯示 **觀眾視窗** 和 **簡報者視窗**，搭配雙螢幕的操作環境，簡報者可以透過 **簡報者視窗** 顯示的資訊、備註與工具，有效掌控播放流程和時間；並可透過 **觀眾視窗** 監控觀眾看到的畫面。

STEP 01 切換至要開始展示的頁面，畫面右上角選按 **展示簡報 \ 簡報者檢視畫面**，再選按 **展示簡報** 鈕。

STEP 02 將 **觀眾視窗** 拖曳到屬於觀眾畫面的螢幕，選按 **進入全螢幕模式** 鈕；於 **簡報者視窗** 選按 **瞭解** 鈕進入 **簡報者視窗**，並拖曳到只有自己觀看的筆電或桌機螢幕上。

展示方式 - 展示並錄製

簡報過程中，可以同步錄下網路攝影機中簡報者的影像與聲音，結束後將錄影連結分享給觀眾，也可以儲存或下載。

STEP 01 切換至要開始展示的頁面，畫面右上角選按 **展示簡報 \ 展示並錄製 \ 下一步** 鈕，預覽簡報錄製後呈現的結果，再選按 **前往錄製工作室** 鈕。

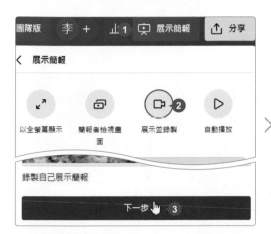
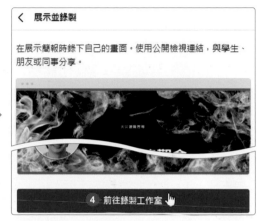

STEP 02 允許 Canva 存取相關設備權限後，設定欲使用的攝影機與麥克風，選按 **開始錄製** 鈕，顯示 3、2、1 倒數的數字，即會開始錄製。

STEP 03 進入錄製畫面，確認左下角圓型視訊畫面是否有正常顯示鏡頭影像，過程中可以依照進度透過下方簡報頁面縮圖切換畫面；右上角 **暫停** 鈕可暫停錄製；完成展示後可選按 **結束錄製** 鈕。

STEP 04 當錄影完成上傳後，選按 **複製** 鈕即自動複製連結，可再與朋友分享；選按 **下載** 鈕可以下載錄影內容 (*.mp4)；選按 **儲存並退出** 鈕會儲存內容並返回專案頁面；選按 **捨棄** 鈕則是刪除錄影內容。

小提示

刪除、複製與下載錄製內容

除了上傳錄影時選按 **捨棄** 鈕刪除，當返回專案頁面後才想要刪除錄影內容時，可於畫面右上角選按 **展示檢報 \ 展示並錄製**，再選按 **下一步** 鈕。

清單中選按 **刪除錄製內容** 可刪除已錄製的檔案；選按 **複製** 鈕與 **下載** 鈕可分享與下載錄影內容。

2 互動式工具快速掌握簡報展示氣氛

簡報展示過程中，透過 **模糊化、保持安靜、泡泡、五彩紙屑**...等有趣動畫，增加簡報者與觀眾的互動。

開啟專案，進入全螢幕展示簡報畫面 (可參考 P6-2 操作)，選按右下角 🔲，清單中提供多項工具，可以根據現場氣氛選擇合適的互動效果，也可以搭配快捷鍵立即呈現：

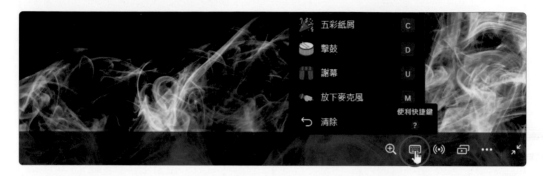

● **模糊化** (快捷鍵 B)：畫面會變暗變模糊，再次選按 **模糊化** 則恢復清晰。

● **保持安靜** (快捷鍵 Q)：當現場較為吵雜時，可以藉由此動畫表達噤聲，還有噓~的音效。

● **泡泡** (快捷鍵 O)：由畫面下方往上飄出一顆顆大小不一的彩色泡泡，還有啵~啵~啵~音效。

● **五彩紙屑** (快捷鍵 C)：如拉炮效果，畫面上下左右隨機散落彩色紙屑。

● **擊鼓** (快捷鍵 D)：畫面上顯示擊鼓動畫並搭配鼓聲，為現場塑造緊張氛圍。

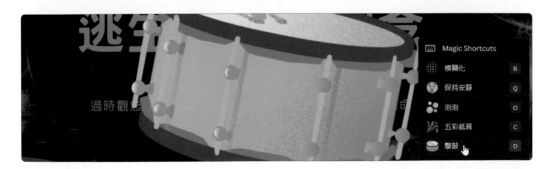

● **謝幕** (快捷鍵 U)：落下紅色布幕並呈現闔上效果；再次選按 **謝幕**，原本闔上的紅色布幕重新拉開並出現歡呼聲。

● **放下麥克風** (快捷鍵 M)：顯示丟下麥克風動畫效果。

Tip 3 遠端遙控簡報

簡報現場可能投影設備無法遙控，或簡報者有二人以上...等，可透過 **分享遙控器** 遠端與多人遙控簡報。

分享遙控器 的設定，可以在簡報進入全螢幕展示畫面時，藉由連結使用行動裝置或其他電腦設備切換簡報頁面。

STEP 01 開啟專案，進入展示簡報畫面 (可參考 P6-2 操作)，選按右下角 **…** \ **分享遙控器** \ **複製連結** 鈕 (呈 **已複製** 狀態)，再選按 Esc 鍵離開全螢幕。

STEP 02 將複製的連結利用電子郵件、社群或通訊軟體 (如 LINE、Messenger)...等工具，分享給自己或其他簡報者。透過行動裝置 或電腦...等其他裝置，點開連結，在簡報全螢幕顯示下就可以操控簡報了。

STEP 03 開啟連結後的畫面如下圖，當簡報在全螢幕顯示時，上方會顯示 **已連線(1)** (括弧內的數字會顯示目前以行動裝置操控的人數)，利用 ⟨ 和 ⟩ 可切換前後頁面；點選 **便利快捷鍵** 展開，清單中即有各式互動工具可供點選。

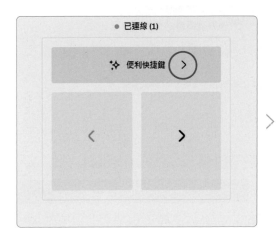 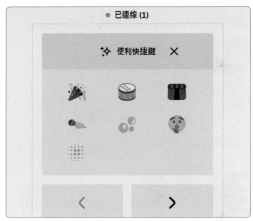

如果行動裝置有安裝 Canva 應用程式，可以使用相機直接掃描 QRCode，直接連接遠端操控。

小提示

只有簡報專案或範本可以使用分享遙控器？

分享遙控器 功能不僅適用於簡報專案或範本，其他類型的專案或範本只要進入全螢幕展示畫面，都可以使用。

4 透過電子郵件與特定對象分享

精心完成的設計，如果只想與特定人員分享，可以輸入指定電子郵件，並藉由權限設定，允許對方可以編輯、檢視或評論。

STEP 01 開啟專案，畫面右上角選按 **分享**，在 **僅限有權限的使用者存取** 欄位中按一下顯示輸入線。

STEP 02 輸入特定對象的電子郵件地址，設定權限與欲傳達的訊息，選按 **傳送** 鈕。(可指定多位對象；如果為團隊成員，可以搜尋對方名稱直接新增。)

STEP 03 之後會跳出 **已分享設計** 對話方塊，如果對方不是團隊成員，還可以藉由電子郵件傳送邀請加入團隊，此處不邀請直接選按 ☒ 關閉。

對方會收到 Canva 寄送的通知信件，選按 **在 Canva 中開啟** 鈕，可直接開啟設
04 計。若以 **可供評論** 權限為例，對方可選取欲調整的元素，選按 ⟳ **新增評論**。

輸入建議後選按 **評論** 鈕，如此設計擁有者不僅可以檢視該評論，也能回覆或刪
05 除該則評論的內容。

小提示

隨時更改特定對象擁有的分享權限

欲變更分享權限時，可於畫面右上角
選按 **分享 \ 僅限有權限的使用者存取**
右側 **編輯**，於想要變更分享權限的使
用者或團隊右側選按 ☑，清單中再選
按欲變更的權限。

職場力

06

展示分享

6-13

5 透過連結將設計與他人分享

正在進行的專案,可以透過連結網址與朋友一起檢視、使用或共同製作,完成專案設計。

分享專案讓知道連結的使用者檢視

開啟專案,畫面右上角選按 **分享 \ 顯示更多 \ 公開檢視連結**,再選按 **建立公開檢視連結** 和 **複製** 鈕,將該連結傳送給其他人,對方即可觀看你的專案設計。

分享專案讓知道連結的使用者使用

STEP 01 開啟專案,畫面右上角選按 **分享 \ 顯示更多 \ 範本連結**。

STEP 02 選按 **建立範本連結** 與 **複製** 鈕，便可為此專案產生範本型式的連結，將該範本連結分享予伙伴。

當伙伴開啟範本連結後，選按 **使用範本建立新設計** 鈕，再登入或註冊 Canva 帳號，即可依此範本建立新設計專案接續設計。

29.7 × 21 公分

使用範本建立新設計

小提示

刪除檢視或範本的分享連結

使用 **公開檢視連結** 或 **範本連結** 功能分享，取得連結的任何人皆可檢視或使用你的設計並分享連結，若不想分享，可再次進入 **公開檢視連結** 或 **範本連結**，選按 **刪除公開檢視連結** 或 **刪除範本連結** 鈕。

分享專案讓知道連結的使用者共同製作

在不建立團隊的情況下，可以參考以下方式將專案分享給伙伴加入共同編輯或校對文件 (若要以團隊方式分享專案可參考 P5-15)。

STEP 01 開啟專案，畫面右上角選按 **分享 \ 共同製作連結：只有你可存取** 清單鈕 \ **任何具有此連結者**，再於右側選按 **可供編輯**。

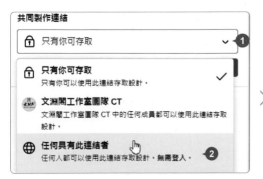 

STEP 02 選按 **複製連結** 鈕，完成後即可看到按鈕項目變成 **已複製**。(之後如果再重新設定 **可供檢視、可以評論** 權限，都必須重新再選按 **複製連結** 鈕。)

STEP 03 將已複製的連結傳送給欲加入共同製作的伙伴，對方接收後，選按該連結即可快速加入此專案協作，畫面上方也會看到對方的帳號縮圖。

小提示

關閉專案的共同製作權限

之後若不需要其他人共同製作此份專案，可以於畫面右上角選按 **分享 \ 共同製作連結**：指定為 **只有你可存取**，即可關閉此專案的共同製作權限。

Tip 6 上傳社群平台與了解音樂授權

Canva 專案可以透過 **在社交媒體上分享** 功能,直接上傳到 Facebook、Instagram、Twitter、TikTok...等當紅的社群平台。

關於設計中使用付費音樂的授權上傳到社群平台是否可行?如果在影片或簡報中使用音訊,並發佈於 YouTube,請檢查你 Youtube 平台與 Canva 平台登入的帳號是否相同,若不相同即無法合理使用。另外,Canva 允許你在影片或簡報中使用任何音訊,並發佈至允許的社群平台,但僅限於個人非商業用途,例如不得將音訊用於任何涉及或產生收入的活動。詳細的協議可參考官網說明:https://www.canva.com/policies/popular-music-license/。

教育版帳號雖可使用許多付費素材與音樂,但設計的作品不可商用,因此上傳至社群平台仍會被禁止,遇到這樣的狀況,可使用 AI 生成音樂或至 YouTube 工作室中使用免費素材加入。以下示範上傳...

STEP 01 開啟專案,畫面右上角選按 **分享 \ 在社交媒體上分享**,清單中選按合適的社群媒體名稱,在此選按 **Instagram**。

STEP 02 選按 **立即使用行動應用程式張貼** 和 **繼續** 鈕。

STEP 03 拿行動裝置掃描 QR Code，即會開啟 Canva App 並進入 **分享到 Instagram 畫面**，選擇分享至 **限時動態**、**動態** 或 **訊息**，後續依畫面指示完成操作並分享。

小提示

關於上傳社群平台的補充說明

■ 此頁示範分享至 Instagram 的操作中，可看到 **使用桌面版排程貼文** 方式，此方式適用 Instagram 商業帳號，需確定已轉換為商業帳號，並與 Facebook 專頁連結，之後依步驟核選 Instagram 商業帳號與粉絲專頁，確認權限後，即可完成上傳。

■ 若畫面右上角選按 **分享 \ 在社交媒體上分享**，清單中沒有合適的選項，例如：想分享至 Facebook 個人帳號而非粉專或社團時，則需先將專案下載，再另外開啟相關社群平台或 App 上傳與分享。

Tip 7 用排程工具管理社群貼文

Canva 製作的設計專案，可以藉由 **內容規劃表** 排定於社群媒體發佈的日期、時間點與貼文文案，省去另外下載和上傳 App 操作。

STEP 01 開啟專案，畫面右上角選按 **分享 \ 在社交媒體上分享 \ 排程**，設定日期與時間，選按 **下一步** 鈕，接著選取欲分享的社群媒體 (此例為 **Facebook 粉絲專頁**)。

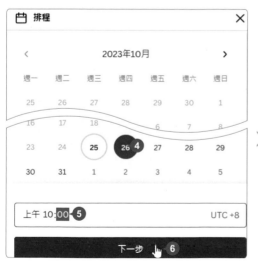

小提示

變更排程的日期與時間

設定好的日期與時間，可在過程中選按 ••• \ **變更日期和時間** 修改。

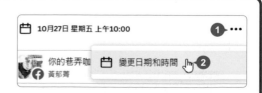

STEP **02** 選按 **連結 Facebook** 鈕，登入 Facebook 帳號，接著核選欲分享的粉絲專頁，選按 **下一步** 鈕，確認 Canva 可以取得權限後，選按 **完成** 鈕。

STEP **03** 完成連結到 Facebook 粉絲專頁後，選按 **確定** 鈕，輸入貼文文案，再選按 **排程** 鈕。

STEP 04 Canva 會根據剛剛設定的日期、時間進行排程，選按 **內容規劃表** 鈕則是看到 **已排程** 文字和貼文相關資訊，確認無誤後選按 ✕，切換至 **內容規劃表**，行事曆即可看到已排定的社群貼文。

內容規劃表

今天 ‹ › **2023年10月**

∨ **學習與遊戲**

萬聖節設計
熱門活動

將活動新增到行事曆

安排 Instagram 貼文的發佈時間

週一	週二	週三	週四	週五
23	24	25	26	27

小提示

重新排程、刪除或編輯已排程的貼文

於 Canva 首頁左側選單選按 **應用程式 \ 內容規劃表**，排程行事曆中選按欲編修的社群貼文，畫面中選按 •••，即可透過清單中的功能變更排程時間、編輯設計或刪除貼文。(編輯已排定的貼文設計會先暫停發佈，待內容更新後需重新排定發佈時間。)

Canva 可下載的檔案類型

Canva 專案除了可分享和展示，也可以下載為指定檔案類型，並應用於網路或印刷品。

依用途選擇

開啟專案，畫面右上角選按 **分享 \ 下載**，可將專案下載為影像、文件、影片...等多種檔案類型。依用途，影像設計可以下載為 JPG、PNG、SVG 檔案類型；文件編排則可以下載為 PDF、PPTX 檔案類型，其中 PDF 又分標準網路應用及列印使用；影片剪輯則可以下載為 GIF、MP4 檔案類型。

了解各檔案類型特性

以下說明專案可供下載的各種檔案類型與其應用範圍：

檔案類型	相關說明
JPG	JPG 適合用於相片與影像，支援 24 位元色彩 (約 1680 萬色)，採用 "失真式壓縮" 方式壓縮影像，檔案較小，但會犧牲原始影像品質，適合日常使用，方便儲存及傳送，相容於多數瀏覽器、軟體和應用程式
PNG	PNG 適合用於相片與影像，採用無失真壓縮技術，提供豐富鮮明的色彩，在存檔時可保留所有原始資料，不失真的特性讓 PNG 檔案類型廣泛應用於網站，檔案較大且不支援 CMYK 色彩模式，支援背景透明。

檔案類型	相關說明
SVG	SVG 適合網頁使用的向量檔案類型，是以點線為基礎的圖形，所以在縮放過程完全不會損失品質，許多設計師會使用 SVG 檔案類型來設計網站按鈕或是公司商標、圖示...等，檔案小於點陣圖，支援影像背景透明。
PDF	PDF (可攜式文件)，以平面文件呈現，包含文字和圖像及其他互動元素，在任何裝置上都會顯示相同的內容，是印表機慣用的格式，Canva 中 PDF 有以下二種下載類型： **PDF 標準**：檔案中的影像解析度為 96 dpi，適合在網路傳閱使用，如郵件附檔。 **PDF 列印**：檔案中的影像解析度為 300 dpi，包含出血與裁切標記選項，適合列印或印刷使用。
PPTX	PPTX 是 PowerPoint 2007 之後版本的檔案副檔名，可以包含表格、文字、聲音、圖片和影片...等內容，下載後的檔案在 PowerPoint 開啟時，部分格式可能會有所不同，需要再重新檢查及調整，或安裝在 Canva 中使用的字型。
GIF	GIF 適合含有動畫元素的設計，8 位元色 (256 種索引顏色) 檔案類型，支援透明色和多影格動畫；GIF 採用無失真壓縮技術，只要圖像不多於 256 色，則可減少檔案大小，又能保持成像的品質，有助於加快在網頁上的載入速度。
MP4	MP4 適合含有影片和音樂的設計，採用非常高的壓縮率，以減少檔案大小，讓各種影音產品的應用服務較不受傳輸速率的影響，可達到較好的應用性和擴展性。

詳細內容可參考官網說明為主：「https://www.canva.com/zh_tw/help/download-file-types/」。

9 下載為 PowerPoint 簡報檔案

Canva 設計專案，可以下載成 PowerPoint 簡報軟體可以開啟的 PPTX 檔案格式。

STEP 01 開啟專案，畫面右上角選按 **分享 \ 顯示更多**，再選按 **Microsoft PowerPoint**。

STEP 02 **請選擇頁面** 可核選下載指定頁面，或所有頁面，設定完成後選按 **下載** 鈕。

STEP 03 成功下載後，看到 **已完成** 訊息，並自動儲存至瀏覽器預設的存放路徑 (在此以 Chrome 瀏覽器示範)，於下載的 *.pptx 檔案可選按右側 ☑ **開啟** 瀏覽。

STEP 04 會直接執行 PowerPoint 軟體並開啟檔案，於上方選按 **啟用編輯** 鈕。

STEP 05 開啟檔案後，可能會發現部分排版、字型或套用效果與原設計不同，甚至是動畫、音訊無法自動播放...等，這時可以再利用 PowerPoint 現有的編輯功能調整與重新套用。

將 Canva 簡報匯出成圖檔避免格式跑掉

從 Canva 下載成 PowerPoint 簡報軟體可開啟的 PPTX 檔案的操作，會因為二個軟體之間的相容度與功能差異性，導致格式跑掉或物件移位，如果想確保設計的完整度，畫面右上角選按 **分享 \ 下載**，建議下載成 JPG 或 PNG 格式圖檔，以靜態方式展示。

從 Canva 下載的 JPG 或 PNG 格式圖檔，可以在 PowerPoint 中利用插入圖片功能佈置於投影片中，避免設計內容跑掉，不過因為是圖片，所以就無法修改每一頁的內容。

Tip 10 下載為影像或 PDF 文件檔案

線上發佈的照片、圖片或網頁圖，多為 JPG、PNG；PDF 則適用檔案分享，確保圖片、照片或文件能在所有裝置上正確顯示，不會被更改。

專案最後要下載為影像檔上傳至社群平台，建議可以使用 PNG 類型以獲得較佳的影像品質；如果有網路傳輸上的限制，則可以考慮使用 JPG 類型取得較小的檔案；如果專案屬於文件設計或頁數較多想要合併成一個檔案下載，則可下載為 PDF 檔案類型。

STEP 01 開啟專案，畫面右上角選按 **分享 \ 下載**。

STEP 02 設定 **檔案類型**，可選擇 **PNG**、**JPG** 或 **PDF 標準**、**PDF 列印**...等類型，在此示範 PNG 影像檔，確認 **請選擇頁面：所有頁面** (也可指定頁面)，選按 **下載** 鈕開始轉換檔案並儲存到電腦；若為多頁專案並選擇 PNG 或 JPG 類型下載，由於會產生多個檔案，因此會下載一個壓縮檔，解壓縮後即可取得所有頁面檔案。

11 下載為印刷用 PDF 檔案

下載時選擇 **PDF 標準**，檔案較小適用於網路文件，照片解析度只有 96 dpi；
如果欲使用在列印或印刷，則需選擇 **PDF 列印**，解析度有 300 dpi。

STEP 01 開啟專案，畫面右上角選按 **分享 \ 下載**，設定 **檔案類型：PDF 列印**，核選 **裁切標記和出血**、**將 PDF 平面化** (將設計合併成一個圖層避免送印時或其他人開啟後造成掉圖或亂碼。)，確認 **請選擇頁面：所有頁面** (也可指定頁面)。

STEP 02 Canva 預設為 RGB 色彩模式，如果作品要印刷，需採用印刷廠的 CMYK 四色印刷模式，設定 **色彩設定檔：CMYK (適合專業印刷)**，再選按 **下載** 鈕轉換檔案。

STEP 03 成功下載後，自動儲存至瀏覽器預設的存放路徑 (在此以 Chrome 瀏覽器示範)，於下載的 *.PDF 檔案可選按右側 📄 **開啟** 瀏覽。

Tip 12 下載為 MP4 影片或 GIF 動畫檔案

專案內容如果包括影片或音樂，建議下載檔案類型選擇 MP4；如果是有較多的動畫設計或是動畫元素，則建議下載檔案類型選擇 GIF。

STEP 01 開啟專案，畫面右上角選按 **分享** \ **下載**。

STEP 02 在此選擇 **檔案類型：MP4 影片**，確認 **請選擇頁面：所有頁面** (也可指定頁面)，選按 **下載** 鈕開始轉換檔案。

STEP 03 成功下載後，自動儲存至瀏覽器預設的存放路徑 (在此以 Chrome 瀏覽器示範)，於下載的 *.mp4 檔案可選按右側 🔲 **開啟** 瀏覽。

13 下載為可縮放 SVG 向量檔案

SVG 是一種向量圖形的檔案,可以包含文字與點陣圖,常見於網站 Logo 設計,檔案非常小,放大縮小不會有鋸齒邊緣,並支援透明背景。

STEP 01 開啟專案,畫面右上角選按 **分享 \ 下載**,在此選擇 **檔案類型:SVG**,核選 **透明背景**,選按 **下載** 鈕開始轉換檔案。

STEP 02 成功下載後,自動儲存至瀏覽器預設的存放路徑 (在此以 Chrome 瀏覽器示範),於下載的 *.SVG 檔案可選按右側 ⬈ **開啟** 瀏覽。

14 取得高品質與大尺寸設計檔

除了可以依需求選擇下載的檔案類型,還可以縮放下載的尺寸,和取得高品質設計。

STEP 01 開啟專案,畫面右上角選按 **分享** \ **下載**。

STEP 02 設定 **檔案類型** (在此示範 PNG 影像檔),**尺寸** 可依照需求拖曳滑桿調整,確認 **請選擇頁面:所有頁面** (也可指定頁面),選按 **下載** 鈕即可取得大尺寸與高品質檔案。

15 Canva Print 列印你的設計

Canva Print 是 Canva 所提供的印刷服務，每位使用者皆可在完成專案設計後，直接發送至專業印刷店，輕鬆取得完美的印刷成品。

STEP 01 開啟專案，畫面右上角選按 **分享 \ 讓 Canva 為你印製**，清單中選按欲印製的規格，在此選按 **海報 (直式)**。

小提示

Canva Print 服務範圍

Canva Print 雖然提供了全球列印服務，可是有些服務項目僅限於某些地區，像是客製 T 恤項目就無法製作，詳細的相關服務說明可參考官網：「https://www.canva.com/print/what-we-print/」。(台灣屬於東南亞 SEA，所以官網所列的表格最右側 Region Availability 項目中沒有 SEA，即表示台灣沒有該項印製服務。)

[1] **Europe:** Austria, Bosnia and Herzegovina, Belgium, Bulgaria, Croatia, Czech Republic, Denmark, Estonia, Finland, Franc Luxembourg, Latvia, Netherlands, Norway, Poland, Portugal, Romania, Slovenia, Slovakia, Spain, Sweden, Switzerland, U

[2] **South East Asia:** Brunei, Hong Kong, Indonesia, Macao, Malaysia, Philippines, Singapore, Thailand, Taiwan, Vietnam

STEP 02　選按 **調整設計尺寸** 鈕。(此時會為專案另存一個副本，並在原專案名稱前加 "(海報)"。)

STEP 03　於 **什麼尺寸？** 項目中選按欲印刷的尺寸 (此範例為 **A2** 42X59.4 公分)，接著再設定 **數量**。

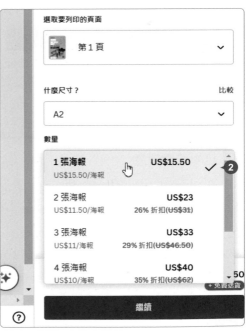

STEP 04 選按 **繼續** 鈕，會有多個項目協助修正常見印刷問題，確認專案無錯誤後，選按 **加入購物車** (可將多份欲列印成商品的設計均加入購物車後再一併結帳)，最後選按 **結帳** 鈕。

─ 小提示 ─

結帳前需注意...

- 若加入購物車前顯示了 **自動修正**，代表專案有印刷出血或元素超出印刷區域，可開啟 **自動修正** 功能自動調整。需不需要 **自動修正** 或修訂其他字型、影像...等問題，均視專案本身的設計狀態決定與調整。

- 選按 **下載 PDF** 鈕，可針對設計進行最後校對與瀏覽印刷效果。

- 加入購物車後，若想加購列印其他商品時，可以返回 Canva 首頁另外開啟其他設計，重複相同 P6-32~P6-34 流程，最後一起完成結帳。

STEP 05 輸入寄送的詳細資訊 (如搜尋不到正確地址，可選按 **手動新增** 的方式新增地址。)，選按 **儲存地址** 鈕；接著指定配送方式與付款方式，再選按 **套用** 鈕。

STEP 06 最後確認訂單項目與寄送的地址無誤後，選按 **送出訂單** 鈕。(住址資料可按 **變更** 調整；另外，由於此印刷服務是由國外印製完成再寄送，所以從印製到寄達的時間大約會是 5-8 個工作天。)

關於付款設定

如果在送出訂單前欲更改付款設定 (或變更團隊預設付款設定)，可選按 **變更** 重新選擇付款方式與輸入資料，再選按 **送出訂單** 鈕。

STEP 07 訂單完成後，可依流程選按相關按鈕，瀏覽詳細的訂單資料，與查看稅務發票資料。

STEP 08 之後如果欲追蹤訂單進度，可於首頁右上角選按帳號縮圖 \ **設定**，左側選單選按 **購買記錄**，清單中選按 **檢視列印訂單** 即可查看。

Tip

16 用 Canva "課程" 整理專案與素材

將同時間要展示說明的設計專案、素材或其他相關資源，以課程清單的方式列項整理，方便開啟、查找並分享。

建立課程

STEP 01 於 Canva 首頁選單選按 **專案 \ +新增** 鈕 **\ 課程**，會建立一個課程資料夾，並進入該課程頁面 (初次使用需選按 **開始使用** 鈕)。選按橫幅中間文字可輸入課程名稱；選按 **說明** 下方欄位可輸入描述文字 (完成需選按 **儲存** 鈕)。

課程資料夾中新增、移動和刪除專案

建立課程後,透過新增或移動專案,豐富課程內容,不需要的專案也可直接刪除。

STEP 01 於 **活動** 下方選按 **將活動新增至你的課程**,清單中提供 **設計**、**品牌範本**、**上傳** 與 **從應用程式匯入** 多種方式,方便將學習資源統整於內,此範例以新增 **設計** 為例。

STEP 02 **設計** 有 **建立新設計** (開新專案開始設計) 或 **選擇設計** (將既有專案移動至此) 二種方式,在此選按 **選擇設計**,指定專案項目後,選按 **移動** 鈕。

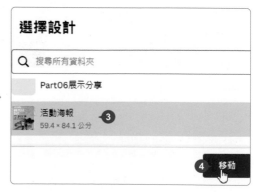

STEP 03 課程中的單一專案欲更改名稱、建立複本、移動...等，可選按右側 ，清單中依需求選按功能。

STEP 04 若有專案欲移動或刪除時，可透過核選右側方格選取一或多個，再選按 🗁 **移至資料夾** 或 🗑 **移至垃圾桶** 。

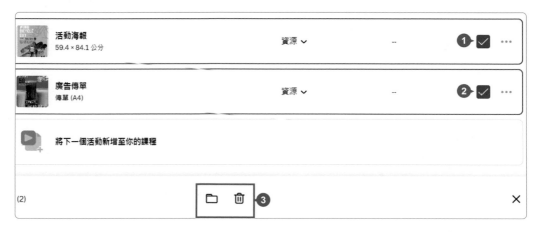

排序課程資料專案項目

課程資料夾中的多個專案或素材，會以加入的時間點排序，若要重新排列，可將滑鼠移至該項目左側數字上方呈 ⠿ 狀，按滑鼠左鍵不放上下拖曳調整順序。

將原有資料夾轉換成課程

現有的資料夾 (可於 Canva 首頁選單選按 **專案 \ 資料夾** 標籤找到)，進入資料夾後，於右上角選按 ⋯ \ **轉換成課程**，即可轉換課程資料夾。

開啟課程

STEP 01 如果要瀏覽課程內各項專案內容，可以選按課程頁面右側 **開啟課程** 鈕。

固人、學生、老師、上班族、自媒體創作、社群小編、行銷企劃...等設計愛好者或各式職人，本書內容讓你快速掌握各式設計與創意技社群圖片與短影音、一頁式網站、白板和繪本...等 Canva 全方位應用，充份展現作品的質感和專業度，讓我們一起開始，體驗設計的

1 ▶ 開啟課程

活動體驗　　　　　　　　　　存取權

STEP 02 此時會進入專案編輯畫面，於左側開啟側邊欄，選按專案名稱，右側即會顯示該專案內容，右側任一處按一下滑鼠左鍵即隱藏側邊欄並進入專案編輯畫面。(左上角選按 ☰ \ ← 可返回課程主畫面)

課程分享

課程分享僅限於團隊與有權限的團隊成員。

STEP 01 與團隊成員各別分享：想要與團隊中某一位或幾位成員分享課程，進入課程主畫面，選按 **分享**，於 **僅限有權限的使用者存取** 欄位按一下，輸入成員電子郵件 (可於清單直接選按)。

可設定 **可編輯和分享**、**可供編輯**、**可供檢視** 或 **未分享** 四種權限，預設核選通知團隊成員，選按 **共享資料夾** 鈕，可看到相關成員已擁有該課程的使用存取權限。

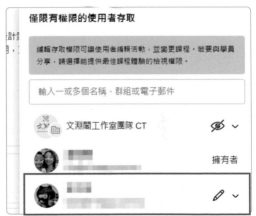

小提示

不是團隊成員無法分享課程

輸入不是團隊成員的電子郵件時，會顯示如右圖訊息，告知課程只能與團隊成員分享。

> 你只能與團隊成員分享資料夾。在這裡要求成員受邀加入你的團隊。
>
> ☑ 通知團隊成員
>
> 共享資料夾

STEP 02 與團隊分享：進入課程主畫面，選按 **分享 \ 團隊名稱** 右側 👁，清單中依需求可設定 **可編輯和分享、可供編輯、可供檢視** 或 **未分享** 四種權限，之後選按 **複製連結** 鈕，將該課程連結分享予團隊。

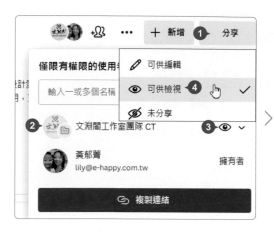 

重新整理課程頁面可以發現多了團隊圖示，活動的 **存取權** 欄位也會一併顯示，將滑鼠移至團隊圖示即可看到權限文字 (在此設定權限為 **可以檢視**)

更多 AI 魔法創作與應用

1 Canva 小幫手給你更多建議

Canva 小幫手，藉由 AI 快速提供你目前專案所需的相關動作與創作元素，並能立即使用 Magic Write 與多項影像、影片 AI 功能。

STEP 01 開啟專案後在畫面右下角會看到  **Canva 小幫手**，不選取任何物件的情況下，選按 ⊕，**建議動作** 區塊會依目前專案內容給予建議，選按 **顯示更多** 會列項更多建議動作與功能，不再老是找不到功能，方便你快速完成設計。

STEP 02 往下捲動可看到，依目前專案內容給予圖像元素與照片的搭配建議，選按 **查看全部**，會於側邊欄開啟更多建議項目，即可直接於側邊欄拖曳合適的元素或照片至專案中使用，簡化搜尋快速完成設計。

STEP 03 若選取影像再選按 ⦿ **Canva 小幫手**，會建議與該物件屬性相關的動作，例如：魔法橡皮擦、魔法編輯工具...等，同樣的選按 **顯示更多**，則列項更多建議動作。

STEP 04 若選取文字物件再選按 ✴ **Canva 小幫手**，會建議 **魔法文案工具** 與 **文字動作** 相關功能...等，魔法文案工具的包含：**概述、展開、重寫**，依目前選取的文字內容簡述說明、詳細說明以及重新撰寫。**(魔法文案工具** 可參考下頁說明)

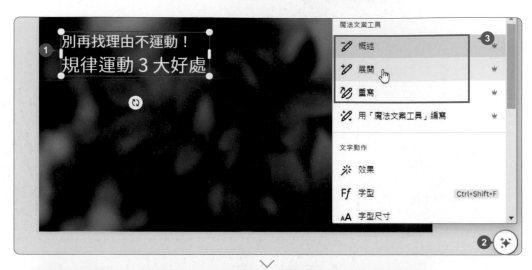

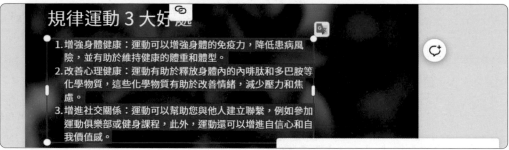

往下捲動可看到，同樣依目前選取的文字內容給予動作、圖像元素與照片的搭配建議，選按 **查看全部**，會於側邊欄或工具列開啟更多建議項目，簡化搜尋快速完成文字編排設計。

"魔法文案工具" 快速發想文案與新點子

已經想好主題,卻不知如何下筆!魔法文案工具可以幫你輕鬆撰寫社交媒體貼文文案、規劃行銷策略、業務培訓計劃或新產品發表...等文案。

"魔法文案工具" Magic Write 是採用 AI 技術的寫作小幫手,依輸入的文字提示產生句子、段落、清單、大綱...等多種文字內容。免費版 Canva 帳號總共可使用 50 次,付費版則可每個月使用 500 次,除此之外使用 "魔法文案工具" 時,需注意下列事項 (依官方最新公告為主):

- 目前僅擁有到 2021 年中的資訊。

- 依所提供的文字產生內容,提供的資訊和指示愈多,產出的結果就愈優質。

- 可能會產生不準確的內容,請先檢查內容是否正確再與他人分享。

- 輸入文字的上限是 1500 字,輸出內容的上限約 2000 字,若提問太過複雜,產出的結果可能會是不完整的句子。

- Canva 教育版僅管理員與教師可以使用;學生不可使用。

從現有文字或藉由提問產生文案

簡報、影片、貼文...等各類型專案可以藉由 "魔法文案工具" 重寫或調整現有文字內容 (可參考上頁說明);如果面對空白頁面,可直接提問,不用再詢問 ChatGPT 怎麼寫文案。

STEP 01 空白頁面中,選按 ⊛ **Canva 小幫手 \ 魔法文案工具**,輸入詢問文字,選按 **產生** 鈕。

針對主題 "規律運動 3 大好處",每一項好處分別以 5 個字左右的小標與一段話說明。

魔法工作室⁺功能　　產生　Ctrl+Enter

> 1. 改善心情
> 運動會釋放身體內的愉悅荷爾蒙，減輕壓力和焦慮，讓人感到
> 更快樂。

STEP 02 當再次選取文字物件，上方會出現 **魔法文案工具**，選按後可調整原有文案的風格及撰寫方式，待文案內容檢查過後即可套用到作品設計中。

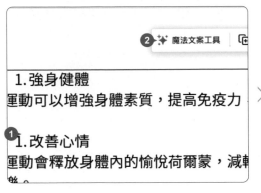

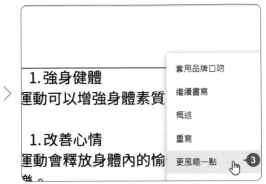

從 **"Canva Docs 文件"** 產生文案

Canva Docs 文件 使用 "魔法文案工具" 與其類型專案稍有不同，可以針對某一句或某段內容，要求 **繼續書寫、概述、重寫、更正式一點**...等項目調整文案風格 (若為團隊帳號則多了 **套用品牌口吻** 項目)。

STEP 01 開啟一份 **Canva 文件** 類型專案 (可參考 P7-8 說明)，選按空白頁面 \ ⊕ \ **魔法文案工具**。

STEP 02 輸入提示文字，選按 **產生** 鈕，即會產生文案與說明。

近年來，慢跑風潮興起，許多人熱愛透過慢跑來維持身材和健康。因此，選擇一雙舒適、耐穿、具有時尚感的慢跑鞋成為許多人的首要目標。為了讓您更容易地推薦新款慢跑鞋，以下提供幾個行銷構想。

1. 社群平台行銷：透過社群平台宣傳新款慢跑鞋，例如在 Instagram 上分享一些慢跑鞋的使用心得、運動穿搭，或是邀請運動達人分享他們的使用經驗。此外，也可舉辦一些慢跑活動，邀請喜愛慢跑的人一起參加，加強品牌的曝光度。透過社群平台行銷，能夠讓更多人知道品牌和產品，並提高他們的購買意願。

2. 網路廣告行銷：網路廣告是現今行銷的重要方式之一，透過網路廣告在特定的平台上投放廣告，例如 Google、Facebook 等平台，能夠讓目標族群更容易看到廣告，提高廣告的轉換率。廣告宣傳的方式可以是圖片、影片、或是 GIF，透過吸引人的廣告設計，能夠吸引目標顧客的注意力，提高品牌知名度和產品銷售量。

3. 運動員代言行銷：許多品牌都會選擇請一些知名的運動員代言產品，這種方式能夠讓品牌和產品更容易被消費者接受。運動員代言能夠增加品牌和產品的可信度，讓消費者更願意購買該品牌的產

STEP 03 選取某句或某一段文字內容，上方會出現 **魔法文案工具**，選按後可要求繼續書寫或調整原有文案的風格及撰寫方式。

近年來，慢跑風潮興起，許多人熱愛透過慢跑來維持身材和尚感的慢跑鞋成為許多人的首要目標。為了讓您更容易地推

1. 社群平台行銷：透過社群平台宣傳新款慢跑鞋，例如在得、運動穿搭，或是邀請運動達人分享他們的使用經驗慢跑的人一起參加，加強品牌的 **✦ 魔法文案工具** 為他們的購買意願。

2. 網路廣告行銷：網路廣告是現今行銷的重要方式之一，如 Google、Facebook 等平台，能夠讓目標族群更容易的方式可以是圖片、影片、或是 GIF，透過吸引人的廣品牌知名度和產品銷售量。

3. 運動員代言行銷：許多品牌都會選擇請一些知名的運動容易被消費者接受。運動員代言能夠增加品牌和產品的

近年來，慢跑風潮興起，許多人熱愛透尚感的慢跑鞋成為許多人的首要目標。

1. 社群平台行銷：透過社群平台宣傳得、運動穿搭，或是邀請運動達人慢跑的人一起參加，加強品牌的曝高他們的購買意願。

2. 網路廣告行銷：網路廣告是現今行如 Google、Facebook 等平台，能的方式可以是圖片、影片、或是 GI品牌知名度和產品銷售量。

3. 運動員代言行銷：許多品牌都會選容易被消費者接受。運動員代言能

③
- 繼續書寫
- 概述
- 重寫
- 更風趣一點
- 更正式一點
- 施展創意魔法
- ✦ 修正拼字

慢跑的人一起參加，加強品牌的曝光度。透過社群平台行銷，能夠讓更多人知道品牌和產品，並提高他們的購買意願。

2. 網路廣告行銷：網路廣告是現今行銷的重要方式之一，透過網路廣告在特定的平台上投放廣告，例如 Google、Facebook 等平台，能夠讓目標族群更容易看到廣告，提高廣告的轉換率。廣告宣傳的方式可以是圖片、影片、或是 GIF，透過吸引人的廣告設計，能夠吸引目標顧客的注意力，提高品牌知名度和產品銷售量。

除了能夠提高品牌知名度和產品銷售量外，網路廣告行銷還具有極高的彈性。廣告主可以透過設定廣告預算、廣告投放時間、廣告展示地區等參數，針對不同的使用者族群進行廣告投放，達到最佳的廣告效果。此外，網路廣告還能夠進行精準的數據分析，讓廣告主能夠瞭解廣告的轉換率和效益，從而進行更有效率的廣告投放。因此，網路廣告行銷已經成為現代企業不可或缺的行銷方式之一。

Tip 3 Canva Docs 設計圖文並茂的視覺文件

Canva Docs **文件**，可設計包含文案、影片、影像、圖像、圖表和圖形的文件，常用於製作讀書心得報告、規劃書、行銷提案、專案報告...等。

開啟 Canva Docs

Canva Docs 與一般 Canva 直式 A4 專案不相同，文句與各項元素是安排在段落中而非浮動式的物件。可以於 Canva 首頁上方選按 **Docs** 類別，下方即會出現相關專案與範本可供選擇與建立 (選按範本右側 ▷ 鈕可以展開更多選項)。

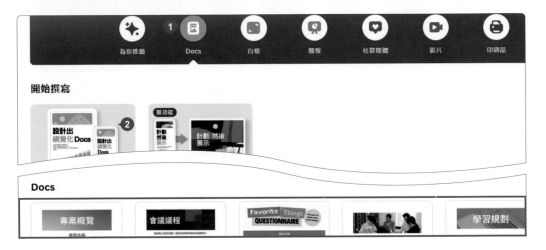

文件添加文案、圖片與元素

STEP 01 Canva Docs **文件** 是一頁式編輯模式，無法新增頁面。選按空白頁面 \ ⊕ \ **魔法文案工具**，輸入提示文字，選按 **產生** 鈕，即會產生文案與說明。

STEP 02 可增刪文案內容；選取段落或部分文字，為其套用文字格式設定。

STEP 03 選按空白頁面 \ ⊕，可於文件中插入表格、清單、圖表、嵌入專案和其他素材；若於搜尋列輸入關鍵字，可插入相關元素或照片、影片。

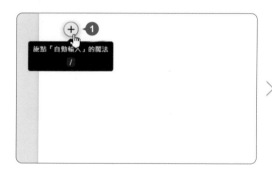

取用其他 "文件" 範本中的圖表或表格

設計文件的過程中,如果想要使用其他文件範本的圖表或表格設計,可於 Canva 首頁開啟該範本,再藉由複製的方式取用。

STEP 01 Canva 首頁上方選按 **Docs** 類別,下方範本選按 **查看全部**,選按想要取用圖表或表格設計的範本, 再選按 **自訂此範本** 鈕開啟。

STEP 02 選取該範本文件中想要取用的圖表或表格 (若無法選取該物件,可選按圖表或表格內任一處,再選按物件外側的 ⊕ 圖示。),接著按 Ctrl + C 鍵複製,再切換至手邊的文件按 Ctrl + V 鍵貼上即可。

	DONE	TITLE	AUTHOR	STARTED	FINISHED
	☐	Write the full title of the book, article, or any reading material	Last Name, First Name	MM/DD/YY	MM/DD/YY
	☐	List down the titles alphabetically or			

Summary

將 Canva 文件轉換為簡報或網站設計

Canva Docs 文件可直接轉換為簡報,再透過 Part 01 提過的 **調整尺寸與魔法切換開關** 功能轉換成網站或其他類別的專案設計作品。

STEP 01 開啟想轉換成 Canva 簡報的 Canva Docs 文件,選按右上角 **轉換** 鈕。(如果是第一次使用此功能,按一下 **開始使用** 鈕。)

STEP 02 開啟 **選擇設計** 視窗,會自動依文件中有的設計元素產生幾款範本樣式,選擇合適的範本後,右側可預覽內容,最後選按 **建立簡報** 鈕。

STEP 03 轉換為簡報類別專案後,即可使用 **魔法切換開關** 功能切換為網頁、印刷品、影片...等類別,讓 Canva Docs 文件內容擁有更多應用與呈現方式。

小提示

將文件轉換成簡報的限制

字數限制:50,000 字、段落限制:1000 段、圖片限制:200 張圖片、影片限制:200 部影片、字型限制:200 種字型樣式。

5 將設計轉換為貼文、電子郵件、摘要...型式

調整尺寸與魔法切換開關 功能可以將 Canva 設計轉換成文件 Doc (僅文案內容)，包含：摘要、文字、部落格貼文、歌詞、電子郵件、詩、歌詞。

STEP 01 開啟一份包含圖文的設計專案，選按 **調整尺寸與魔法切換開關 \ 轉換成 Doc**。

STEP 02 選按想建立的文件內容類型：摘要、所有文字、部落格貼文、歌詞、電子郵件、詩、歌詞 (一次只能選擇一種格式)，再選按 **轉換成 Doc** 鈕。

所有文字 ▶

部落格貼文 ▶

摘要 ▶

電子郵件 ▶

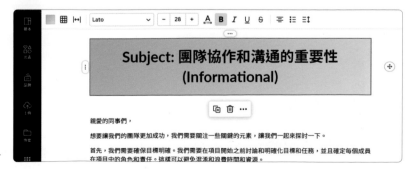

6 想法變設計 Magic Design 範本

用關鍵字描述作品，由 AI 工具 Magic Design 產生多份範本供你選用，還可依配色、照片與類別調整創意，快速讓想法轉變為設計。

此功能目前僅支援 Canva 英文介面，於 Canva 首頁右上角選按 ⚙ 進入帳號設定畫面，選按 **你的帳號**，指定 **語言：English (US)**，再如下說明操作：

STEP 01 於 Canva 首頁上方搜尋列按一下，輸入 5 個字以上的關鍵字或一句提示詞描述你需要的設計 (以英文描述)，按 Enter 鍵。

STEP 02 Magic Design 會產生一組範本，包含簡報、1:1 貼文圖、影片、廣告單、傳單...等各式類別，這組範本下方還有許多與關鍵字相關的範本可選用。

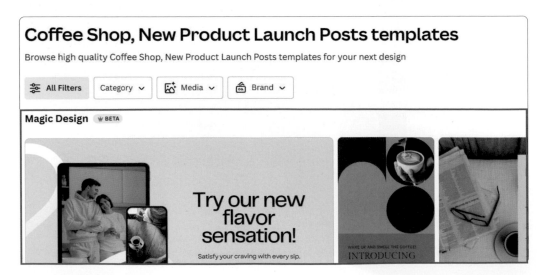

STEP **03** 若此帳號有設定品牌工具，Magic Design 工具列選按 **Brand** 可選擇依品牌顏色設計，選按 **See results** 鈕套用於設計。

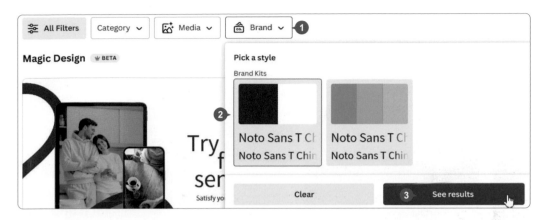

STEP **04** Magic Design 工具列選按 **Media** 可上傳本機照片或於現有的照片選用，選按 **See results** 鈕套用於設計。

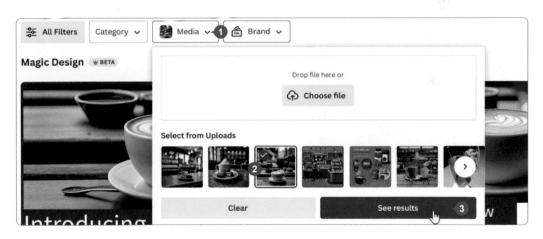

STEP **05** Magic Design 工具列選按 **Category** 可選擇合適類別，下方 Magic Design 設計範本會依指定類別重新產生。

STEP 06 選按合適的 Magic Design 範本 (選按最右側的 **>** 可出現更多範本)，再選按 **Customize this template** 鈕，即可於專案編輯模式開啟，編輯與分享。

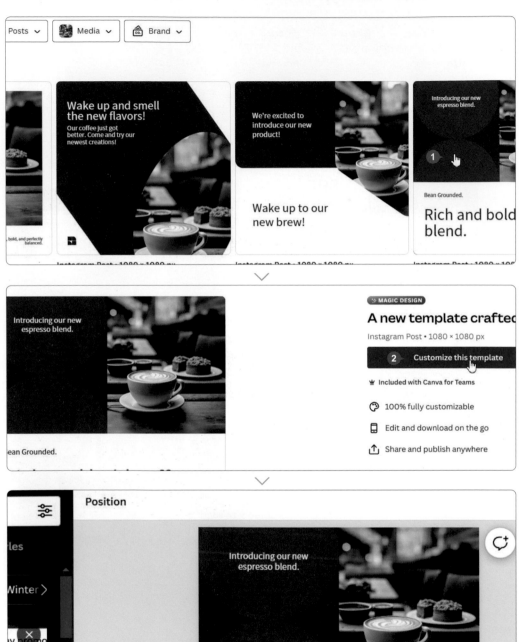

完成以上操作練習，可於 Canva 首頁右上角選按 ⚙ 進入帳號設定畫面，選按 **Your Account**，指定 **Language**：**繁體中文(台灣)**，即可切換回中文語系介面。

Tip 7 Magic Design for presentation AI 簡報設計

用關鍵字或一段提示詞描述簡報想要呈現的內容，由 AI 工具 Magic Design for presentation 瞬間完成簡報與設計。

此功能目前僅支援 Canva 英文介面，於 Canva 首頁右上角選按 ⚙ 進入帳號設定畫面，選按 **你的帳號**，指定 **語言：English (US)**，再如下說明操作：

STEP 01 於 Canva 首頁選按 **Presentations** 類型項目，再選擇合適的簡報推薦主題，在此選按 **Presentation (16:9)** 項目。

STEP 02 進入專案編輯畫面，於側邊欄搜尋列輸入 5 個字以上的關鍵字或一段提示詞，按 [Enter] 鍵。

小提示

進入 Magic Design for presentation 的另一種方式

於 Canva 首頁左側選單，選按 **Magic Studio**，進入專屬頁面後選按 **Magic Design for presentations** 項目即可。

STEP 03 會產生一組設計，以提示詞內容產生文案與套用合適的範本後，還可於上方選按 **Media** 選取一張照片加入設計，或選按 **Brand** 套用品牌顏色。

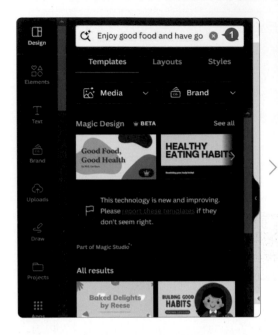 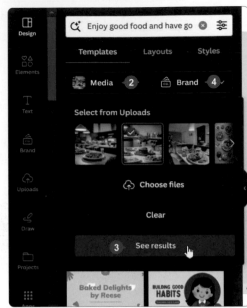

STEP 04 於產生的多份簡報設計選按合適的款式，會進入詳細頁面瀏覽所有頁面設計，選按 **Apply all * pages** 鈕即可將所有頁面插入編輯區。

 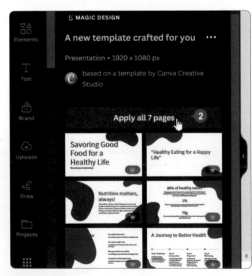

完成以上操作練習，可於 Canva 首頁右上角選按 ⚙ 進入帳號設定畫面，選按 **Your Account**，指定 **Language**：**繁體中文(台灣)**，即可切換回中文語系介面。

Tip 8 Magic Design for Video AI 影片剪輯

用事先準備好的照片、影片再搭配關鍵字描述影片，由 AI 工具 Magic Design for Video 瞬間完成影片剪輯與設計。

此功能目前僅支援 Canva 英文介面，於 Canva 首頁右上角選按 ⚙ 進入帳號設定畫面，選按 **你的帳號**，指定 **語言：English (US)**，再如下說明操作：

STEP 01　於 Canva 首頁選按 **Videos** 類型項目，再選擇合適的影片推薦主題，在此選按行動裝置 9:16 直式影片 **Mobile Video** 項目。

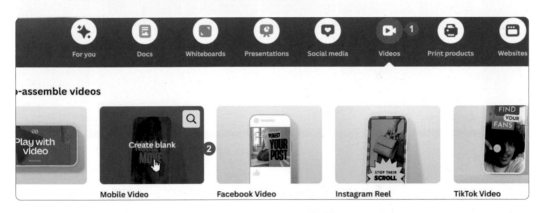

STEP 02　於專案編輯畫面，側邊欄 Design 項目中選按 **Generate videos instantly** (Magic Design for Video；立即生成視頻)。

─ 小提示 ─

進入 Magic Design for Video 的另一種方式

於 Canva 首頁左側選單，選按 **Magic Studio**，進入專屬頁面後選按 **Magic Design for Video** 項目即可。

STEP 03 可上傳本機照片、影片素材或於現有的素材中選用 (至少選擇三個)，接著於下方輸入影片的文字描述與提示詞，選按 **Generate** 鈕開始產生設計。

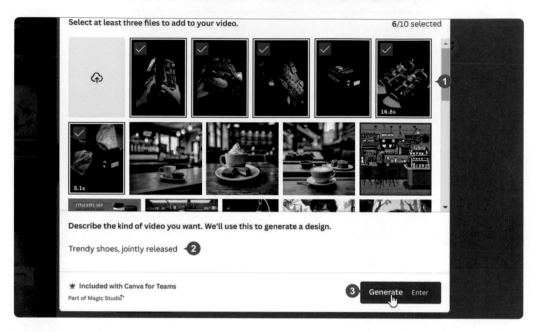

STEP 04 立即產生影片設計，包含剛剛指定的照片、影片素材播放時間點安排，以及依文字描述與提示詞產生文案並套用效果與插圖素材設計，同時也完成剪輯、播放時間長度、轉場與背景音樂...等設計，當然也可依個人需求再加以調整。

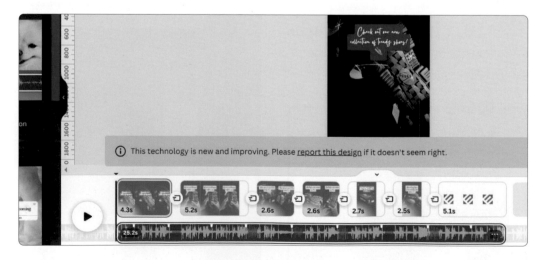

完成以上操作練習，可於 Canva 首頁右上角選按 ⚙ 進入帳號設定畫面，選按 **Your Account**，指定 **Language：繁體中文(台灣)**，即可切換回中文語系介面。

Tip 9 AI "魔法媒體工具" 將文字轉換為影像

Canva 應用程式 AI 圖像生成功能 **Text to Image**，讓使用者透過文字描述產生想要的圖片。

不想設計跟別人撞圖、用同一個免費素材時，可試試 AI 生圖。魔法媒體工具 **Text to Image**，可輸入中文描述文字，但英文描述效果更佳，描述越具體獲得的結果越好，目前官方公告：免費帳號總共可使用 50 次，付費帳號每月可使用 500 次；設定面板中還可以指定樣式與寬高比。(生成的影像需留意用途，目前美國著作權局 USCO：機器生成的圖像無法受到著作權保護)

STEP 01 開啟專案，側邊欄選按 **應用程式**，再選按 **發掘** 標籤 \ **熱門** 或 **採用 AI 技術** 類別中的 **魔法媒體工具**。

STEP 02 於 **影像** 標籤，輸入描述文字 (建議加入物件主角、色彩、地點...等描述，或可選按 **試用範例**)，選擇合適的樣式 (選擇 **無**，由 Canva 自行選擇合適的樣式呈現；選按 **查看全部** 會出現更多選項。)，選擇 **寬高比**：方形、橫式、直式，最後選按 **產生影像** 鈕，開始產生影像。

職場力

07 更多 AI 魔法創作與應用

STEP 03 一次會產生四張影像 (同時扣除 1 點；下方會標註該帳號剩餘可用次數)，選按任一縮圖會於頁面產生並自動將該影像列項至側邊欄 **上傳** 的 **影像** 清單中，之後其他專案仍可使用。

STEP 04 若產生的影像不合適，可調整文字描述內容或以英文描述，也可調整樣式，再選按下方 **再產生一次** 鈕重新產生。

小提示

輸入英文提示詞，提高描述理解與呈現完整度

文字描述建議要用英文的 Canva 會理解得更好，英文不好沒有關係，可藉由 Google 翻譯或 ChatGPT ...等工具，協助中文語句翻譯。

Tip 10 AI "魔法媒體工具" 將文字轉換為影片

Canva 應用程式 AI 圖像生成功能 **Text to Video**，讓使用者透過文字描述就產生想要的影片。

魔法媒體工具 **Text to Video**，可輸入中文描述文字，但英文描述效果更佳，描述越具體獲得的結果越好，目前官方公告：免費帳號總共可使用 5 次，付費帳號每月可使用 50 次；每個產生的影片長度為 4 秒，由於目前階段並無樣式或風格選項，可於文字中描述讓影片呈現更具細節。

STEP 01 開啟專案，側邊欄選按 **應用程式**，再選按 **發掘** 標籤 \ **熱門** 或 **採用 AI 技術** 類別中的 **魔法媒體工具**。

STEP 02 於 **影片** 標籤，輸入描述文字 (建議加入風格、色彩、光線、地點與動作...等描述)，選按 **產生影片** 鈕，開始產生影片，約 2 分鐘的準備時間即可產生影片。

┌─ **小提示** ─────────────────────────────
描述影片風格或攝影類型可使用的關鍵字

極簡、遠景鏡頭、2D 動畫、強列對比、專業電影攝影、風景攝影、天文攝影、水下攝影、記實攝影、新聞攝影、微距攝影、人像攝影...等。
└─────────────────────────────────

STEP 03 一次會產生一部影片 (同時扣除 1 點；下方會標註該帳號剩餘可用次數)，選按影片縮圖下方的播放鈕可預覽影片，選按影片縮圖會於頁面產生並自動將該影片列項至側邊欄 **上傳** 的 **影片** 清單中，後續其他專案仍可使用。

STEP 04 若產生的影片不合適，可調整文字描述內容或以英文描述，再選按下方 **再產生一次** 鈕重新產生。

小提示

關於 AI 產生影像和影片的著作權

Canva AI 產生的影像與影片著作權歸誰？Canva 官方表示：沒有絕對的答案，因為根據著作權法，AI 產生作品的著作權會依你所居住的國家/地區而有所不同，於 Canva 產生的影像和影片，使用者並沒有影像與影片的著作權。(https://www.canva.com/zh_tw/help/using-magic-media/)

Tip 11 AI 虛擬主播 D-ID

Canva D-ID AI Presenters 是 Canva 的應用程式，講者可以不露臉用代表自己的角色，以及運用文字轉聲音或聲音檔，創造虛擬主播實境效果。

D-ID 應用程式可以選擇人物頭像、語言和風格 (口音)，免費的 D-ID 帳號可以擁有 20 點，每次產生的虛擬主播影片會依內容扣除 1~5 點不等 (每點相當於 15 秒影片，若影片長度為 40 秒，則會消耗 3 點，若使用自訂頭像與聲音檔會扣除較多點數。)，當點數扣完則需至 D-ID 官網升級為付費帳號即可繼續使用。

小提示

更多虛擬主播應用程式

除了 D-ID，Canva 還有多款虛擬主播應用程式，下個 Tip 即會再介紹一款 HeyGen，另外還有：Avatars by Nero AI (免費使用，可說中文)...等，各款設定方式相似，產生的影片各有優勢，可試試找到最合適的使用。

連結與註冊

STEP 01 開啟專案，側邊欄選按 **應用程式**，上方搜尋列輸入：「D-id」，按 Enter 鍵開始搜尋；於結果清單選按 **D-ID** 圖示，首次使用需選按 **開啟** 鈕。

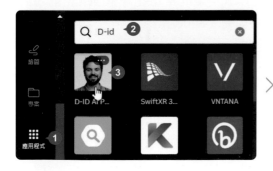

STEP 02 捲動設定面板至最下方，選按 **Sign up or Sign in** 鈕，先註冊與連線 D-ID 官網。

03 選按 **連結** 鈕，選擇連結帳號，依畫面有的選項挑選合適的帳號與 D-ID 連結，並依帳號後續設定完成連結。

使用預設人像與口音

01 完成前面的準備動作後，於最上方 **Choose a presenter** 預設人物圖像選取合適的 (選按 **see more** 可以有更多選擇)，再於 **Enter text** 標籤 **What should thy say** 輸入虛擬主播的台詞文字 (最多可輸入 8000 字)。

02 於 **Choose language** 選擇語系，如果台詞內容是以繁體中文文字描述，此處即要選擇繁體中文語系，這樣虛擬主播才能正確的唸出。

STEP 03 於 **Choose voice** 選擇口音，選項中是各發言人的名字，每位發言人的語調都不相同，先任意選擇一個名字，接著選按下方的 **Prewiew speech** 鈕試聽看看，如果不合適可再次調整。(部分語系會有 **Choose style** 選項，可以選擇語氣。)

STEP 04 完成以上設定，選按 **Generate presenter** 鈕開始產生影片 (按鈕右側會標註這次影片需扣除的點數；下方也會說明目前帳號可用點數)。

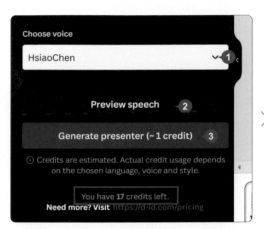

使用自訂人像與預錄聲音檔

事先準備好一張人物頭像照片檔，背景單色或去背、正面、五官清晰，效果較佳，檔案格式為 png、jpeg、tiff、gif...等均可；聲音檔格式為 MP3、M4A、WAV 均可。

STEP 01 於最上方 **Choose a presenter** 選按 **Upload**，選擇自行準備的照片檔，再選按 **開啟** 鈕，並選取清單中載入的人物圖像。

STEP 02 於 **Upload audio** 標籤 **Upload your own audio**，選擇自行錄製的聲影檔，再選按 **開啟** 鈕。

STEP 03 選按下方的 **Prewiew speech** 鈕試聽看看，如果不合適可再次調整。完成以上設定，選按 **Generate presenter** 鈕開始產生影片。

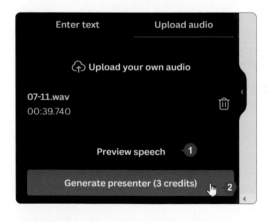

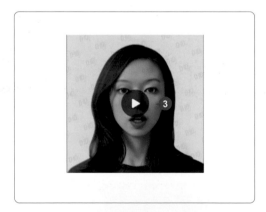

完成製作的虛擬主播影片，可以與影片、簡報、社群媒體...等範本結合，影片或簡報中不想露臉時，透過虛擬主播講解影片，加強內容吸引力；讓你不用面對鏡頭，輕鬆簡單的傳遞想說的話。

AI 虛擬主播 HeyGen

Tip 12

HeyGen 是 Canva 的應用程式,與上個 Tip 示範的 D-ID 一樣,可在幾分鐘內產生會說話的 AI 人像影片。

HeyGen 應用程式目前僅能免費試用一次,需至 HeyGen 官網升級為付費帳號即可繼續使用;相較於 D-ID,HeyGen 在人物生成的表情與動態較為自然,口語發音的部分更接近真人。HeyGen 提供了更多的人物選項與口音,若使用去背的人物頭像可指定背景色。

連結與註冊

STEP 01 開啟專案,側邊欄選按 **應用程式**,上方搜尋列輸入:「heygen」,按 Enter 鍵開始搜尋;於結果清單選按 **HeyGen** 圖示,首次使用需選按 **開啟** 鈕。

STEP 02 捲動設定面板至最下方,選按 **Sign up or Sign in** 鈕,先註冊與連線 HeyGen 官網。

STEP 03 選按 **連結** 鈕,選擇連結帳號,可依畫面有的選項挑選合適的帳號與 HeyGen 連結,並依帳號後續設定完成連結。

指定人像與口音

STEP 01 完成前面的準備動作後，於最上方 **Choose an AI avatar** 或 **Or bring photos to life!** 選取合適的人物圖像 (選按 **see all** 可以有更多選擇)。

若想使用事先準備好的人物頭像照片檔，選按 **Upload**，選擇自行準備的照片檔，再選按 **開啟** 鈕。

STEP 02 **Or bring photos to life** 清單選按載入的人物圖像，於 **Select a view mode** 選擇背景樣式，再指定背景顏色 (如果人物圖像是去背影像即可套用背景色)。

STEP 03 **Add your script** 的 **Text** 標籤可輸入台詞文字，**Audio** 標籤可上傳自行錄製的聲音檔。

STEP 04 **Choose a voice** 選擇語系，選按 **see all** 可以有更多選擇，如果台詞內容是以繁體中文文字描述，此處即要選擇繁體中文語系，這樣虛擬主播才能正確的唸出，最後選按 **Use** 鈕確認。

STEP 05 選按下方的 **Listen to your script** 鈕試聽看看，如果不合適可再次調整。完成以上設定，選按 **Generate AI video** 鈕開始產生影片，待完成選按 **Add to design** 鈕加入專案。

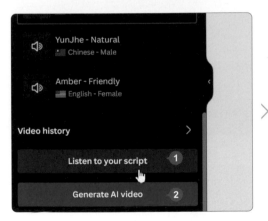

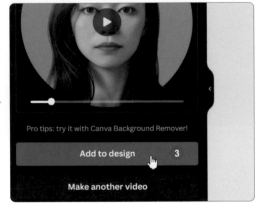

完成製作的虛擬主播影片，可以與影片、簡報、社群媒體...等範本結合，影片或簡報中不想露臉時，透過虛擬主播講解影片，加強內容吸引力；讓你不用面對鏡頭，輕鬆簡單的傳遞想說的話。

13 文字轉語音，Murf AI 人聲產生工具

Tip

Murf AI 是 Canva 的應用程式，只需準備好文案，藉由 Murf AI 指定語系、音調、速度，快速產生人聲語音旁白。

Murf AI 應用程式可以免費產生 10 分鐘聲音檔，依每次產生的時間長度扣除，若需要更多的使用時間則需至 Murf AI 官網升級為付費帳號即可繼續使用。

小提示

更多人聲產生工具應用程式

除了 Murf AI，Canva 還有多款 AI 人聲產生工具應用程式：Multilingual (免費使用 500 個字，支援中文)、Text to Speech (免費使用 1000 字，支援中文)...等，各款設定方式相似，可試試找到最合適的使用。

STEP 01　開啟專案，側邊欄選按 **應用程式**，上方搜尋列輸入：「Murf AI」，按 Enter 鍵開始搜尋；於結果清單選按 **Murf AI** 圖示，首次使用需選按 **開啟** 鈕。

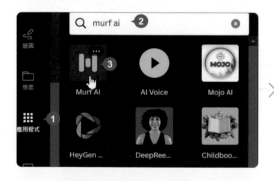
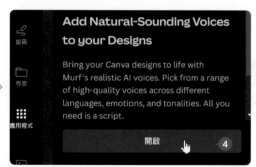

STEP 02　依畫面有的選項挑選合適的帳號與 Murf 連結，並依帳號後續設定完成註冊。

STEP 03　回到專案編輯區，於側邊欄選按已註冊的帳號。

STEP 04 完成前面的準備動作後，最上方 **Select language** 選取合適的語系，**Select a voice** 選擇合適的聲音 (目前英文語系有多個聲音可免費選擇，中文語系則均為付費項目，在此以英文語系示範。)，**Enter your text** 輸入旁白文案 (最多可輸入 1000 字)。

STEP 05 部分語系會有 **Choose style** 選項，可以選擇語氣；**Speed** 與 **Pitch** 可調整速度與音調；接著選按下方的 **Generate voiceover** 鈕試聽看看 (後續會變成 **Play** 鈕)，如果不合適可再次調整。完成以上設定，選按 **Add too design** 鈕開始轉換為人聲語音音訊並加入專案。

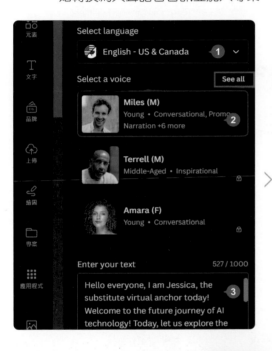

完成製作的人聲語音，會以音訊檔 MP3 格式存放在側邊欄 **上傳 \ 音訊** 標籤中。可以與影片、簡報、社群媒體…等範本結合，以語音陳述的方式呈現旁白文案。

14 Tip

文字轉語音，AiVOOV 人聲產生工具

AiVOOV 是 Canva 的應用程式，透過超過 125 種語言 900 多種高品質聲音，幾秒鐘內讓你的旁白文案轉換為人聲。

AiVOOV 應用程式，每個帳號可以免費產生 2000 個字的聲音檔，依每次產生的字數扣除。相較於前一個 Tip Murf AI 應用程式，AiVOOV 應用程式在 Canva 中提供的所有語系與人聲均可免費使用，以下範例就來試試中文發音的旁白人聲音訊建立。

STEP 01 開啟專案，側邊欄選按 **應用程式**，上方搜尋列輸入：「AiVOOV」，按 Enter 鍵開始搜尋；於結果清單選按 **AiVOOV** 圖示，首次使用需選按 **開啟** 鈕。

STEP 02 最上方 **Select language** 選取合適的語系，Chinese 中文語系相關即有多款選擇，在此示範 **Chinese(Taiwan)**。

STEP 03
Select a voice 選擇合適的聲音，選按下方的 **Preview voice** 鈕試聽看看，如果不合適可再次調整。

STEP 04
Enter your text 輸入旁白文案，完成以上設定，選按 **Generate audio** 鈕。

STEP 05
若為首次使用，需選按 **連結** 鈕，再依畫面有的選項挑選合適的帳號與 AiVOOV 連結，並依帳號後續設定完成註冊。

STEP 06
完成註冊與連結後，再次選按 **Generate audio** 鈕開始轉換為人聲語音音訊並加入專案。

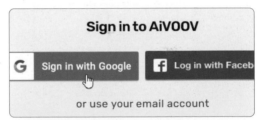

完成製作的人聲語音，會以音訊檔 MP3 格式存放在側邊欄 **上傳 \ 音訊** 標籤中。可以與影片、簡報、社群媒體...等範本結合，以語音陳述的方式呈現旁白文案。

15 文字轉音訊，AI 音樂素材產生工具

Tip

MelodyMuse 是 Canva 的應用程式，除了使用 Canva 本身的音樂素材庫，可以讓使用者自由創作想要的音樂。

MelodyMuse 採用 AI 技術自動產生音訊的應用程式，只要在欄位中輸入歌曲風格的描述，即可依描述完成一首獨一無二的音樂素材 (10 秒)。

小提示

更多音樂素材產生工具應用程式

除了 MelodyMuse，Canva 還有多款 AI 音樂素材產生工具應用程式：Soundraw (付費使用，免費僅能線上試聽)...等，可試試找到最合適的使用。

STEP 01　開啟專案，側邊欄選按 **應用程式**，上方搜尋列輸入：「MelodyMuse」，按 Enter 鍵開始搜尋；於結果清單選按 **MelodyMuse** 圖示，首次使用需選按 **開啟** 鈕。

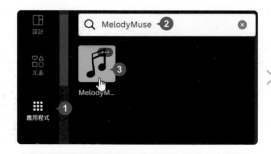
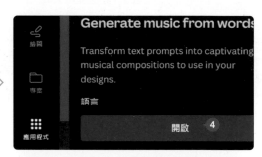

STEP 02　**Describe your music** 欄位中輸入音樂內容的描述文字，設定 **Duration** 秒數 (最長 10 秒)，最後選按 **Generate** 鈕。

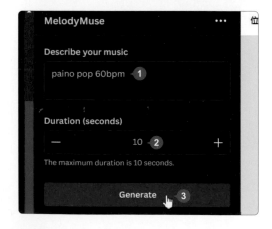

03 完成後即會自動插入至時間軸音軌，選按 ▶ 播放試聽音訊內容是否有搭配專案內容。而產生的音訊檔會自動儲存在 Canva 雲端，側邊欄選按 **上傳 \ 音訊** 標籤，即可看到剛剛產生的音訊會儲存在此。(如果沒有看到需重整網頁)

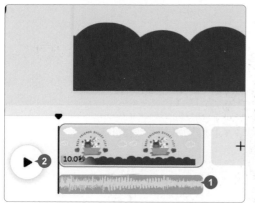 

小提示

用英文關鍵字描述

經過測試，用中文描述產生的音訊會與所描述的內容完全不相符，強烈建議使用英文描述。如果對英文描述不熟悉，也沒什麼創作音樂的靈感，可以像本範例一樣，例如想創作一首 "使用鋼琴彈出來的慢歌"，那就使用 "樂器 + 音樂風格 + 音樂速度" 的描述方式來創作。

- **樂器**：Piano (鋼琴)、Violin (小提琴)、Viola (中提琴)、Cello (大提琴)、Trumpet (小喇叭)、Guitar (吉他)、Saxophone (薩克斯風)、Flute (長笛)...等。

- **音樂風格**：Pop (流行歌曲)、Classical (古典音樂)、Folk (民謠音樂)、Dance (舞蹈音樂)、Rock (搖滾樂)、Electronic Dance Music (電音)、R & B (節奏藍調)、Jazz (爵士樂)...等。

- **音樂速度**：bpm，音樂速度的量度單位 (每分鐘多少拍)，數字越小音樂節奏越慢，反之則越快；Adagio (慢板)(66-76 bpm)、Moderato (中板) (108-120 bpm)、Allegro (快板) (120-168 bpm)、Accelerado (漸快)、Ritardando (漸慢)...等。

- **氣氛**：Strain (緊張)、Easy (輕鬆)、Serious (嚴肅)、Miserable (淒涼)、Sorrow (悲哀)、Pitiful (可憐)、Romance (浪漫)...等。

更多音樂術語，可參考此頁面說明：https://bit.ly/Music_keyword01

16 AI 技術為舊照片修復瑕疵

AI 影像修復技術，幾秒鐘內快速修復舊照片上的刮痕、斑点、褪色與污漬，完成修復後可下載回電腦保存或備存在 Canva。

STEP 01 於 Canva 首頁，選按右上角 **上傳** 鈕，上傳舊照片並選按 **編輯照片** 鈕。(若照片已上傳 Canva ，可至 **專案 \ 影像** 清單中找尋，於該照片右上角選按 **⋯ \ 編輯照片**)。

STEP 02 會開啟編輯視窗，於 **效果** 標籤選按 **魔法橡皮擦**。

STEP 03 設定 **筆刷大小**，於刮痕、褪色要擦除的部分按滑鼠左鍵不放拖曳，塗抹出比該部分大些的範圍，再放開滑鼠左鍵，即會清除不需要的並根據周圍影像計算並填滿。(如果欲擦除的範圍過大或有多處，建議可分次塗抹，以達最佳效果。)

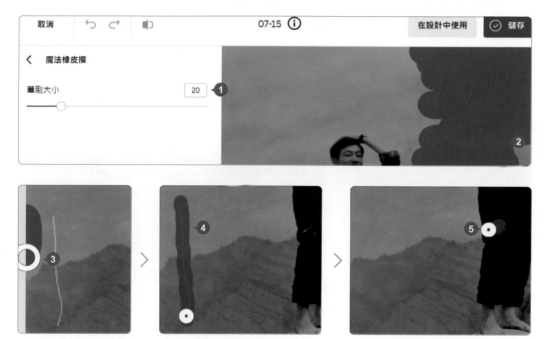

STEP 04 完成刮痕、褪色修復，於編輯視窗右上角選按 **儲存\下載** (會以照片原尺寸，PNG 檔案類型下載至本機)，再選按 **儲存\儲存至 Canva** (會儲存一份完成修正的檔案於 Canva，並自動關閉編輯視窗)。

17 AI 技術增強照片畫質與臉部細節

藉由 AI 修復工具可提升照片的質量,產生高品質的照片,還可增強臉部清晰度,輕鬆讓舊照片重獲新生!

Image Upscaler

Image Upscaler 用於照片整體畫質提升,支援 2x、3x、4x、8x 增強,可直接選取專案中的照片增強或上傳本機照片檔。

STEP 01 側邊欄選按 **應用程式**,上方搜尋列輸入:「Image Upscaler」,按 Enter 鍵開始搜尋;於結果清單選按 Image Upscaler 圖示。

STEP 02 選取專案中需要增強的照片,下方可選擇放大的倍率 (若呈灰色無法選按,表示已達支援畫質上限),再選按 **Upscale image** 鈕,開始增強。

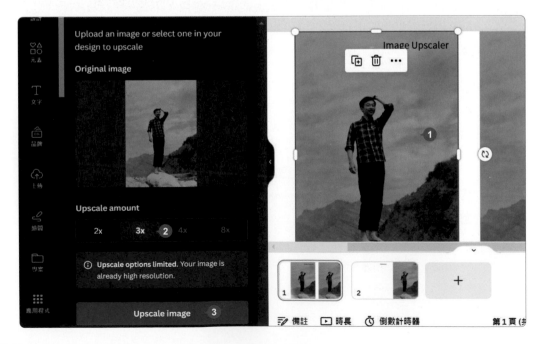

STEP 03 完成增強轉換後，可以預覽增強前、後效果，選按 **Replace** 鈕則會替換專案中模糊的照片，以高品質照片呈現 (選按 **Go back** 鈕，則會回到前一步驟)。

小提示

照片整體畫質提升的其他應用程式

另外有一款應用程式 Pixel Enhancer，操作方式與 Image Upscaler 相似，增強影像畫質效果也不錯，可試試。

Enhancer

Enhancer 應用程式提升整體畫質與強調臉部清晰與精細度,最多可放大達 1000%。

STEP 01 側邊欄選按 **應用程式**,上方搜尋列輸入:「Enhancer」,按 Enter 鍵開始搜尋;於結果清單選按 **Enhancer** 圖示。

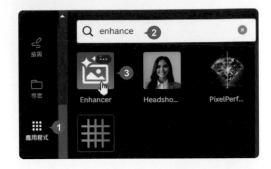

STEP 02 選按 **Choose file** 鈕,選擇本機需要修復品質與臉部清晰度的照片檔,再選按 **開啟** 鈕。

STEP 03 舊照片內若有人臉可供辨識,可開啟 **Enhance face** 偵測影像中的臉部並增強 (若沒有明確的人臉可供辨識則不要開啟此項目,否則會出現錯誤訊息。),再選按 **Enhance image** 鈕開始產生高品質照片,待完成會標註增強倍數,選按 **Add to design** 鈕可加入專案中使用。

AI 履歷產生器 Job And Resume AI

履歷是求職過程中一份重要的文件,不僅是你的首要形象,更展現了個人專業與技能,讓雇主快速瞭解你的價值。

Job And Resume AI 採用 AI 技術自動產生求職履歷內容,免費使用,只要輸入姓名、教育背景、工作經驗、專業技能...等個人資訊,以及求職部門職稱資訊,即可自動產生履歷相關內容 (英文);再套用 Canva 履歷範本,如需中文呈現則藉由翻譯功能調整,一份專業的履歷文件快速完成。(AI 生成的內容或翻譯文字,建議需再次檢查才能正式遞交。)

STEP 01 開啟專案,側邊欄選按 **應用程式**,上方搜尋列輸入:「Job And Resume AI」,按 Enter 鍵開始搜尋;於結果清單選按 **Job And Resume AI** 圖示,首次使用需選按 **開啟** 鈕。

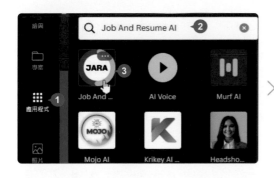
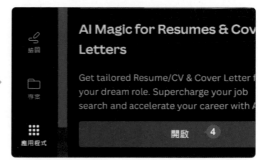

STEP 02 **Resume/CV Text** 欄位中輸入履歷個人資訊 (中、英文均可),**Job Description** 欄位中輸入職位描述,再選按 **Generate tailored suggestions** 鈕開始生成。

STEP 03 依前面二個欄位提供的資料，產生 **Summary** (摘要)、**Skills** (技能)、**Experience** (經驗)、**Cover Letter** (求職信) 四大類資料 (英文內容)；選按每一類資料下方 **Copy all** 鈕，即可取得該類別資料，選按 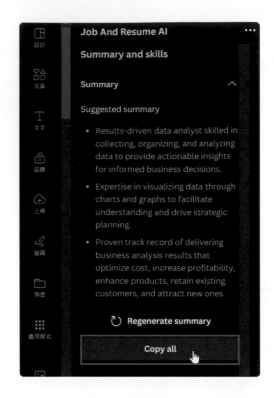 鈕則是重新生成該類資料。

選按 **Copy all** 鈕複製該類文字後，選按目前專案任一空白頁面，選按 `Ctrl` + `V` 鍵，貼上內容，再使用 **調整尺寸與魔法切換開關** 翻譯為中文即可。

STEP 04 除了依前面說明的方式將各類內容整段貼上，如果後續需要再藉由 **魔法文案工具** 加強內容，分段貼上會比較合適，即可針對每一段內容調整。將滑鼠指標移至每段內容任一字上方，直接拖曳至頁面，即會以一個段落一個文字物件的方式整理。

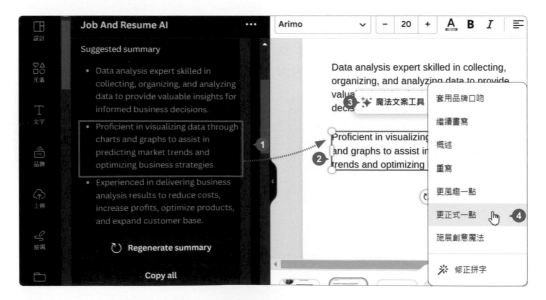

Tip 19 ChatGPT × GPTs Canva 工具

透過 ChatGPT 搭配 GPTs Canva 工具,輕鬆打造出符合需求的作品並可於 Canva 中開啟再編修、分享。

登入 ChatGPT Plus

GPTs 是幫你完成任務的專屬小助理,OpenAI 於 2022 年 11 月推出 GPTs 功能,2024 年 1 月,GPTs 商店正式開放,分類整理了所有公開的 GPTs,包括寫作、生產力、研究與分析、程式設計、教育,以及生活方式...等。

首先開啟瀏覽器 (在此以 Google Chrome 示範),進入 ChatGPT 首頁 「https://chat.openai.com/」。ChatGPT 的 GPTs 僅限於 ChatGPT Plus 的用戶才可以使用,先確認是否為 ChatGPT Plus 會員,再依下說明開啟並使用 Canva GPTs 服務。

開啟 Canva GPTs

STEP 01 ChatGPT 首頁,於側邊欄選按 **探索更多的 GPTs**。

於 ChatGPT 模型畫面，搜尋欄位中輸入「canva」，下方清單選按官方製作的 Canva GPTs，首次使用選按 **開始聊天**。

提問並快速取得設計

於下方提問列輸入需要的設計內容、用途與比例...等關鍵資訊，送出提問後，ChatGPT 即會產出多款設計，並會簡單說明設計重點，選按設計名稱即可於 Canva 專案編輯畫面開啟該款設計再編修、分享。(送出提問時，若出現是否允許信任的訊息，請選按 **允許** 鈕。)

若產生的設計並不合適，可再次詢問與溝通，取得最合適的設計作品。

Q & A
解答常見疑問

Canva 素材商用版權需知

Canva 用途非常的廣泛，但使用的範本或素材可以運用在什麼地方呢？可以印刷或製作成商品販售嗎？

Ａ Canva 可以免費使用，但如果想解鎖更多功能或素材，需考慮付費訂閱成為 Pro 版本或團隊版使用者。除了教育單位版本專用素材無法商用，免費與付費版用的相關說明如下：

- 不可以販賣 "未編輯" 的 Canva 範本或照片、影片...等素材 (頁面上只有範本或素材本身，無添加任何元素與設計，即為 "未編輯")。

- 不可以在商標中使用任何來自 Canva 媒體庫的免費版或 Pro 版內容 (字型、基本形狀和線條除外)。

- 使用免費帳號可以在數位行銷使用所有再設計過的免付費元素，購買 Pro 版可以在數位行銷使用所有再設計過的付費元素。

- 同上，如果取得合法的使用元素，就可以將個人設計化為實際商品 (例如 T 恤、貼紙、書籍...等)，或以數位產品 (例如電子書、雜誌、電子報...等) 形式販售。

- 如果要在電子出版品 (含電子書) 使用 Pro 設計範本、素材，則該出版品必須使用 Canva 來設計；不可以從 Canva 下載 Pro 設計範本、素材後，在其他軟體應用程式中設計電子書。如果使用未編輯的 Pro 設計範本、素材，則必須遵守最大 480,000 像素的限制 (600 像素 × 800 像素)。

- 音訊曲目可用於數位行銷，但仍要視各數位平台版權要求 (對影音版權要求需以專案所用 Canva 帳號登入才能合法使用，但商用時仍有可能會收到 Content ID 版權聲明通知，遇到這樣的狀況，建議改成 AI 生成音樂或至 YouTube 工作室中使用免費素材加入。)。音訊曲目不能用於傳統媒體廣告或付費頻道 (例如：電視、電影院、電臺、Podcast 或大型廣告) 的商業廣告。

更多詳細資料可參考官網說明：https://www.canva.com/zh_tw/help/licenses-copyright-legal-commercial-use/

如果條款太多細節不好理解，可以參考此官網的販售範例情境與常見問題說明：https://www.canva.com/help/using-canva-to-create-products-for-sale/

2 訂閱與其他購買費用的報帳方法

公司行號在 Canva 訂閱 Pro 或是其他購買項目 (例如：海報印刷) 時，該如何向公司申請報帳？

A Canva 是澳洲公司，目前無法開立台灣的統一發票 (二聯、三聯) 給台灣消費者，而是以稅務發票取代，所謂稅務發票是官方正式的購買憑證，因應公司營業需要，有實際消費行為就可入帳抵減營所稅，只是稅務發票的內容一定要有公司抬頭及統編 (可在輸入付款資料時，於備註欄位加註。)。(本文依稅法描述，實際報帳前，請洽公司稅務單位、稅務機關或會計事務所諮詢詳情。)

填寫公司抬頭及統編

要報帳的稅務發票 (收據發票) 一定要有公司名稱和統一編號，於 Canva 首頁右上角選按 ⚙ **設定**，側邊欄選按 **付款與方案**，於 **公司名稱** 欄位輸入公司名稱和統一編號，再於下方輸入地址、連絡人...等其他相關資料，最後選按 **儲存變更** 鈕即可。

Canva 設計焦點 ∨ 商業 ∨ 教育 ∨ 方案和定價 ∨ 學習 ∨   **❶** ⚙ 🔔 建立設

文淵閣工作室團隊

文淵閣工作室團隊的團隊付款資訊

:≡ 團隊詳細資訊

公司名稱

+🎗 團隊成員

❸ 文淵閣工作室 78108

此名稱會顯示在發票上。

🎗 群組

帳單地址

❷ 📇 付款與方案   **❹**

☁ SSO 與佈建

付款連絡人

⊘ 權限

所有與付款相關的電子郵件都會傳送至你的電子郵件地址，並傳送給這些付款連絡人

🎛 應用程式

取消   **❺** 儲存變更

購買記錄

購買記錄

可以在 **購買記錄** 中檢視購買的所有項目，以及 Canva 為各項目開立的發票。每次付款時，也會透過電子郵件收到發票副本及連結。

STEP 01 於 Canva 首頁右上角選按 ⚙ 設定。

STEP 02 選按 **購買記錄** 項目,可以看到所有購買記錄,於要查看發票的購買記錄最右側選按 **檢視發票** 就會以新視窗開啟 Canva 的稅務發票。

STEP 03 可直接列印或選按下方的 **下載發票** 鈕備存稅務發票 PDF 檔,若刷卡過程有另外產生匯率和手續費,建議再附上信用卡帳單,以方便公司報帳。

3 設計電子書線上翻書效果

於 Canva 完成長文件內容與版面設計後，該如何分享匯出為可以做出翻頁效果的電子書？

A Canva 內建的 Heyzine Flipbooks 電子書雲端服務，透過發佈可以將專案作品轉換為具翻頁效果的電子書，還可進入 Heyzine Flipbooks 專屬平台套用更多設定。

用 Heyzine Flipbooks 發佈電子書

STEP 01 開啟專案，畫面右上角選按 **分享 \ 顯示更多**，於 **設計** 類別選按 **Heyzine Flipbooks** (首次使用需再選按 **開啟** 鈕)。

STEP 02 在 **選取頁** 選按清單鈕，可核選總頁數 (所有頁數一起轉換) 或僅核選部分頁數項目，在此核選 **總頁數(1-17)**，再選按 **完成** 鈕。

03 選按 **儲存** 鈕，開始發佈，完成後會出現 "你的設計已經儲存！" 畫面，選按 **在 Heyzine Flipbooks 上檢視**，進入網站檢視以及分享。

註冊與登入 Heyzine Flipbooks

01 首次進入 Heyzine Flipbooks 網站，會出現如下訊息，提醒使用匿名發佈，檔案 僅暫存一個星期，必須註冊並登入帳號才能永久保留；在此示範註冊與登入方 式：選按 **Register** 鈕 (若僅需要於一星期內短暫瀏覽，可選按 **start sharing it** 取得分享網址)。

02 可使用 Google 帳戶或輸入 E-mail 註冊，在此以輸入 E-mail 註冊的方式進行， 輸入 E-mail 與密碼後，核選 **I accept ...**，再選按 **Register** 鈕。

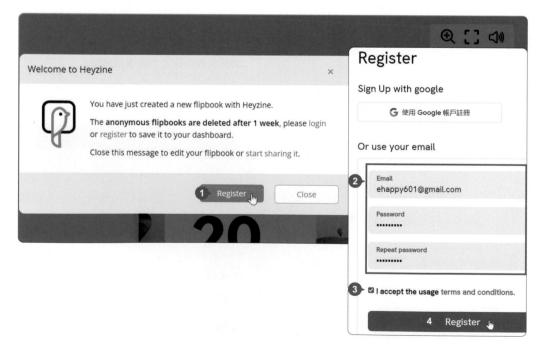

標註主題、副標與其他資訊

STEP 01　完成註冊與登入後，選按上方 **Dashboard**，進入作品清單會看到剛剛發佈的電子書縮圖，選按縮圖 \ **Publish settings**。

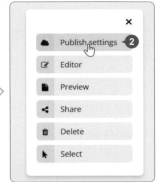

STEP 02　於 **Publish** 標籤選按 **Published**，再設定此電子書主題、標題...等資訊，輸入後選按 **Save** 鈕。

預覽與分享線上翻頁式電子書

STEP 01　回到 **Dashboard** 畫面，選按縮圖 \ **Preview**。

STEP 02 預覽畫面中，使用滑鼠選按電子書左、右二側或四個角落會呈現翻頁效果，若於手機、平板上瀏覽則是直接觸控螢幕翻頁 (選按 ⛶ 可全螢幕預覽)。

STEP 03 預覽畫面中，選按 **Copy link** 鈕可直接取得分享網址，選按 **Share** 鈕可指定以更多方式分享，在此選按 **Share** 鈕進入設定畫面。

STEP 04 Share 畫面中可指定直接取得連結網址，或以電子郵件、網頁嵌入、社群分享、QR code...等方式分享，在此選按 **Link**，於 **Reader link** 網址右側選按 ⧉ 複製取得網址，再將網址傳送與朋友分享即可。

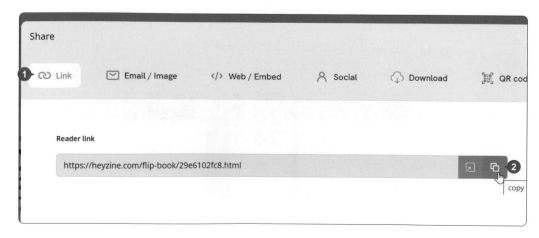

4 查看有多少人瀏覽你的設計

Canva 專案擁有者或編輯者該如何查看已分享或發佈的專案作品、網站，其瀏覽數與造訪詳細資訊？

A Canva 提供 **深入分析** 讓擁有者或編輯者在分享專案後，可以透過 **瀏覽數**、**互動**、**專屬結結**、**社交媒體** 這幾個指標，檢視與分析設計作品後續互動狀況。

STEP 01 開啟已發佈或是已分享 **公開檢視連結** 的專案。(在此以已分享 **公開檢視連結** 的專案示範，網站專屬數據可參 P5-48 說明)

STEP 02 選按 **⊞ \ 瀏覽數**，右側可設定要檢視的時間長短，**不限時期** 就是顯示從分享開始至今獲得的瀏覽數，將滑鼠指標移到曲線上即會顯示單一日期的瀏覽數。

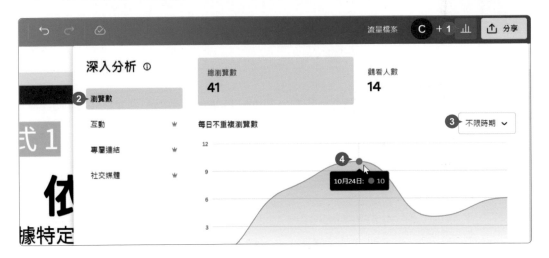

STEP 03 選按 **互動 \ 平均檢視時間** 可以看到 **總檢視時間**，即使用者花了多少時間檢視你的設計；若專案中有連結，選按 **連結點擊次數** 可以看到每個連結分別統計的點擊次數。(此為付費帳號才能檢視)

STEP 04 選按 **專屬連結**，於欄位中輸入連結名稱後選按 **建立連結**，或於下方 **建議連結** 挑選一個專屬連結名稱，再於右側選按 **建立連結**，建立完成後於 **姓名** 欄位該名稱下方按 **複製連結**，再將連結分享給其他人即可。(此為付費帳號才能建立)

STEP 05 選按 **社交媒體**，於右側選按想要分享的社群平台，再依步驟完成 Canva 與該社群平台的帳號連結即可。(此為付費帳號才能使用)

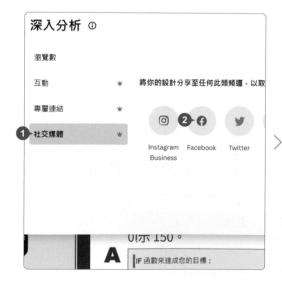

找不到之前完成的設計專案

參考或編輯到一半的專案突然找不到,該怎麼尋找?又可能是什麼原因讓檔案不見了?

 如果找不到要使用的 Canva 專案,有以下幾個原因,可參考以下操作方式:

自己不小心誤刪專案

如果是自己誤刪,30 天以內可以在 **垃圾桶** 裡找回專案。於 Canva 首頁畫面左下角選按 🗑 **垃圾桶**,清單中欲救回的專案右側選按 ⋯ \ **還原** 就可以復原該專案。

其他可能的情況

還有以下幾種可能原因讓你找不到專案:

- 如果自己有多個 Canva 帳號,作品可能在切換帳號時,被誤存到其他帳號或是其他團隊。可選按 Canva 首頁畫面右上角的大頭貼 \ **登出**,再登入其他帳號找尋;或選按畫面右上角的大頭貼可以在清單中選按其他團隊找尋。

- 如果是協作其他使用者分享的專案,有可能被專案的擁有者刪除或停止分享,此時需要對方恢復專案或再重新分享,才能看到該專案。

- 如果是團隊中的專案,管理員已將你從團隊中移除,將無法再存取該團隊的任何專案,需聯絡團隊管理員要求再次加入團隊才能解決此問題。

- 如果團隊擁有者決定刪除團隊,在這種情況下,刪除團隊後未超過 14 天,可復原刪除,可以請求擁有者重新復原團隊,再備份所需要的專案。

6 上傳 PDF 文件進行設計

手邊有之前製作好的 PDF 文件檔，可以將原內容上傳至 Canva 中設計與編輯嗎？

A PDF 文件檔可以上傳至 Canva 直接轉換成專案，參考以下操作方式：

STEP 01 Canva 首頁選按 **上傳 \ 選擇檔案**，選按要上傳 Canva 編輯的 PDF 檔案，再選按 **開啟** 鈕就會開始上傳。

STEP 02 於 **最近的設計** 清單中，可以看到正在上傳的 PDF 檔案。待檔案上傳完成後，選按該專案縮圖，即可進入編輯畫面開始設計。

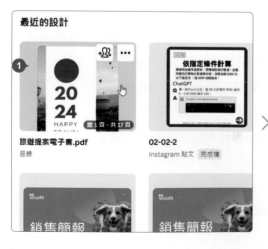

7 上傳 PowerPoint 簡報進行設計

手邊有之前製作好的 PowerPoint 投影片 (*.pptx 或 *.ppt)，可以將原內容轉移至 Canva 中設計與編輯嗎？

A PowerPoint 投影片 (*.pptx 或 *.ppt) 可以上傳至 Canva 直接轉換成專案，參考以下操作方式：

STEP 01 Canva 首頁選按 **上傳 \ 選擇檔案**，選按要上傳 Canva 編輯的 PowerPoint 檔案 (*.pptx)，再選按 **開啟** 鈕就會開始上傳。

STEP 02 於 **最近的設計** 清單中，可以看到正在上傳的簡報檔案。待檔案上傳完成後，選按該專案縮圖，即可進入編輯畫面開始設計。

8 將簡報專案轉換成影片或網站專案

好不容易完成的專案，如果臨時要變更格式尺寸、或是要轉為不同專案類別該怎麼辦？

A 可以使用 **調整尺寸與魔法切換開關** 快速轉換尺寸或專案類別，還可以選擇是否要將轉換的專案複製為新專案。

STEP 01 於專案編輯畫面左上角選按 **調整尺寸與魔法切換開關**，**依類別瀏覽** 選按要變更的專案類別，核選要變更的尺寸或專案類型，再選按 **繼續** 鈕。

STEP 02 最後選按 **複製並調整尺寸** 鈕，會將目前專案以建立複本的方式調整為指定的類別與尺寸；如果選按 **調整此設計的尺寸** 鈕，會將目前專案直接調整為指定的類別與尺寸。

9 將專案還原成之前製作的版本

設計專案時，如果覺得之前的設計風格或內容比較符合需求時，該怎麼還原成更早之前的版本呢？

A Canva 專案編輯時會自動儲存並產生版本記錄，只要選擇之前的記錄，就可以直接還原成之前的版本，或是將該版本以建立複本的方式產生新專案。

STEP 01 於專案編輯畫面選按 **檔案 \ 版本記錄**，可看到之前各時間點儲存的版本，選按記錄中要瀏覽的版本。

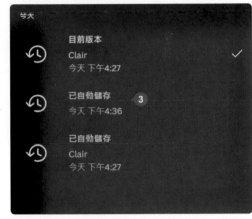

STEP 02 右側即會顯示剛剛選按版本的預覽畫面，如果要還原為目前選擇的版本時，可於畫面右上角選按 **還原此版本** 鈕；如果想要將目前選擇的版本以建立複本的方式還原時，可選按 **還原此版本** 清單鈕 \ **建立複本**。

10 快速取得知名品牌的識別設計與標準色彩

設計專案時，如果要引用知名品牌的資料說明時，該如何取得其識別設計或標準色彩...等項目，讓資料看起來更顯專業與辨識度？

A Canva 提供 Brandfetch 應用程式，只要輸入網址或公司名稱，即可自動分析出相關設計元素，常用於設計作品時尋找靈感與配色。

STEP 01 開啟專案，選按 **應用程式**，於上方搜尋列輸入「Brandfetch」，按 Enter 鍵開始搜尋，接著選按 **Brandfetch** 圖示開啟 (首次使用要選按 **開啟** 鈕)。

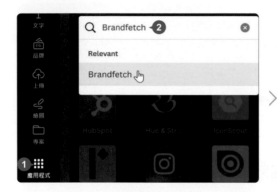 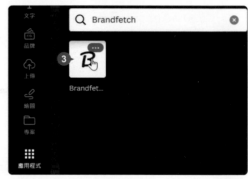

STEP 02 於側邊欄選按要查看的品牌識別縮圖，也可於上方搜尋列輸入公司名稱或網址，再按 Enter 鍵搜尋 (不是每個公司網站都搜尋得到)。於搜尋結果 **Logos** 標籤可以看到該公司識別設計的各項應用內容；**Colors** 標籤可查看主要的標準色彩；**Images** 標籤則是該公司在網站中使用的 Banner 設計，選按即可將該元素插入專案頁面中使用。

如果想取得更多知名品牌的相關資料 (在 Canva 中搜尋不到的)，可以到 Brandfetch 的官方網站 (https://brandfetch.com/) 中搜尋。或利用 Chrome 瀏覽器安裝 Brandfetch 擴充元件。

11 顯示尺規和輔助線、印刷出血

Canva 專案設計時，該如何讓每頁版面文字或圖片都佈置在相同位置？如果需要印刷時，該如何避免重要元素或文字被裁切掉？

A "尺規" 與 "輔助線" 可以讓頁面元素對齊，整體看起來也會更專業。"出血" 是印刷品都會預留的邊緣，可以預防裁切誤差導致出現白邊，排版時也要避免將重要內容擺放在出血範圍。

顯示尺規和輔助線

選按 **檔案 \ 設定 \ 顯示尺規和輔助線**，畫面會顯示尺規，將滑鼠指標移到上方尺規呈 ↕ 狀，往下拖曳至要新增輔助線處的位置即可。(左側尺規也可以往右拖曳新增輔助線)

顯示印刷出血

選按 **檔案 \ 設定 \ 顯示印刷出血**，邊緣會顯示出印刷出血的虛線框，在設計時將元素擺在此虛線內，可以避免重要元素在印刷時被裁切。

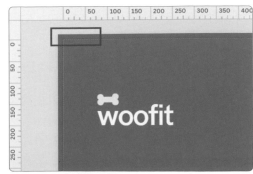

印刷的關鍵要素

Canva 完成的專案,想送至印刷廠輸出,在下載印刷品質的 PDF 檔後,還需要注意那些事項?印刷廠說明的印刷術語完全不了解?

 以下分享相關的印刷常識與術語,有助於跟印刷廠討論時更加流暢。

常見的印刷紙材

一般來說,市面最常見的紙材不外乎是銅板紙及道林紙,其他像是名片類常用的紙材有一級卡、萊妮卡、合成卡紙...等其他類型的紙材,在注重環保的現今,再生紙類也是很多公司行號在選擇紙材時的優先考量。在相同的印刷條件下,不同紙材印刷的質感不盡相同,像是銅板紙印出來的顏色會較為鮮豔,道林紙印出來的顏色會較為深沈些,所以將檔案送至印刷廠印製時,可先請廠商拿出紙材及印刷樣本,再討論使用何種紙材印製才會符合你所要的成果。

常見的印刷術語

了解基本的印刷術語,除了可以明確的與印刷廠溝通,也可以讓你更精準的檢視設計文件,以確保最終印刷品的品質符合預期:

- **裁切線**:用來標註紙張裁切處的線條,一般會顯示在紙張四個角落。

- **出血**:常見的印刷標準出血尺寸為 3 mm,是印刷品都會預留的邊緣範圍,可以預防裁切誤差導致出現白邊,設計時也要避免將重要內容擺放在出血範圍,以保障印刷成品的畫面完整度。

- **CMYK**:是一種運用於印刷行業的色彩模式,主要有青色 (Cyan)、洋紅色 (Magenta)、黃色 (Yellow) 以及黑色 (Black),四種顏色混合疊加,形成所謂 "全彩印刷",顏色的範圍定在 0~100 之間;當四個顏色都為 0 即為白色。

- 特別色：當有 CMYK 印不出來的顏色時，會使用特殊油墨來取代或是與CMYK 併用印刷，像是特殊的金屬色或是螢光色，上述說明的白色也算屬於特別色的一種 (在黑色的紙材中印白色)，Pantone 就是最知名配色系統之一。

- 分色：印刷前，印刷廠會將原稿上的各種顏色，輸出成 C、M、Y、K 四個單獨的色版，如下圖，之後再將色版裝到印刷機上，就可以開始進行印製。

- 印刷製版：將已分色完成的色版由電腦直接輸出至製版機中，再將完成的色版放進印刷機裡，開始印製成品。

- 套印：指在多色印刷時，各色版的印刷位置需依序重疊套準，如果不準確會發生如右圖的殘影現象。

- 獨立開版印刷：指整組版印製的內容都為同一客人所有或是同一稿件，好處就是能取得較高品質的成品，可以印刷特別色、特殊紙材或規格，但印刷費用較高，通常對顏色要求高的設計師或廠商都會使用獨立開版印刷。

- 合版印刷：指整組版印製的內容包含了其他客人，如此就可以共同分攤印刷所需的費用，適合少量印製或是走經濟實惠的客人，規格比較制式，且印刷成品多少都會有 10~20% 左右的色差影響。

- 開數：簡單來說就是指紙張尺寸，一般來說有分 "菊版" 以及 "四六版"，全開 (不裁切的全張紙)、對開 (裁 2 張)、4 開 (裁 4 張)，以此類推還有 8 開、16 開、32 開和 64 開...等不同的大小。(菊版全開 = 84.2 X 59.4 cm，四六版全開 = 104.2 X 75.1 cm。)

- 開本：指書本的規格大小，把一張完整的印刷用紙裁切成面積相等的大小，而不同開本尺寸可以根據需求裁剪。

輸出前要確認的事

除了了解上述的印刷術語,在輸出前 (也稱 "印前作業") 以下幾個重點務必確認:

- **出血設定**:將檔案送至印刷廠前,出血要由設計方完成,如果在完成設計時沒有先做好出血,有些印刷廠會退件並要求加上出血才會受理製作。

- **設計稿配色**:一定要使用 CMYK 色彩模式,否則印刷廠無法後續的製版動作。

- **設計稿文字不要太小**:在電腦上操作時可藉由視窗縮放看清楚文字內容,但在現實生活是無法這麼做,因此合適的字體大小很重要,避免閱讀上產生吃力感,建議字體尺寸不要小於 6 pt,這樣可以確保文字清晰易讀。

- **照片解析度**:若要進行印刷,照片畫質至少要 300 dpi,解析度越低,代表照片的品質越差,但也不是越高就越好,高解析度的照片相對會令設計檔的檔案大小變大,通常印刷使用 300 ~ 400 dpi 就非常足夠。

| 300 dpi | 96 dpi |

- **正確的檔案類型**:一定要事先跟印刷廠討論好對方能接收的檔案類型,有些支援 TIF 檔、PDF 檔,有些則必須是 AI 或 EPS 檔。

印後加工

印刷品在完成後,為了提高外觀質感,會對印刷品進行後製加工的技術,可分為以下幾個類型:(加工費用通常都是需要額外加購的)

- **美化加工**:如常見的燙金、凸凹壓印 (鋼印)、上亮膜或霧膜、局部加光...等。

- **特殊加工**:壓線、騎縫線 (或稱撕裂線)、打孔...等。

- **成型加工**:書冊裝訂、包裝盒或是特殊形狀的軋型...等。

什麼是大圖輸出？

不管是獨立開版或是合版印刷，通常都會有一個基本數量，例如 500 張或是 1000 張基數，但有時只是想辦個小型活動，只需要大概 20 張左右的 A2 海報，這樣的數量大多數的印刷廠是不會接單 (就算有，也代表你必須花費與基數同等的費用。)，所以此時可以考慮使用大圖輸出這樣的服務。

所謂大圖輸出其實有點像在自家使用印表機列印一樣，只是它能列印的尺寸比印表機能印的範圍大非常多 (一般家用印表機大多為 A3 尺寸以內)，隨著設備大小不同，相對會令設計檔的檔案大小變大，可印製的寬度約在 120~150 公分左右，甚至還有更大的輸出尺寸，使用的墨水也與一般印表機不同。常見用於戶外大型帆布看板、彩色旗幟、相片紙、燈箱 PVC 材質、選舉期間常見的候選人 PP 看板...等。

和一般使用印表機列印的方式一樣，大圖輸出可以直接由電腦送出檔案至設備中直接列印，不用像印刷還需要分色、製版...等流程，輸出時間快，適合少量製作，計費方式通常是以 "才數" 計算 (1 才 = 30 X 30 公分)，另外大圖輸出由於成品大部分觀看距離數公尺以上，所以使用的解析度不用像印刷品一樣精緻，一般情況下解析度 150 dpi 足以應付常見的作品，通常會依使用環境選擇合適的輸出設定，這部分可在送檔案時再與廠商溝通即可。

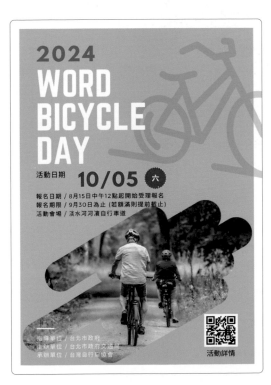

Canva+AI 創意設計與品牌應用 250 招

作　　者：文淵閣工作室 編著 / 鄧君如 總監製
企劃編輯：王建賀
文字編輯：江雅鈴
設計裝幀：張寶莉
發 行 人：廖文良

發 行 所：碁峰資訊股份有限公司
地　　址：台北市南港區三重路 66 號 7 樓之 6
電　　話：(02)2788-2408
傳　　真：(02)8192-4433
網　　站：www.gotop.com.tw
書　　號：ACU086400
版　　次：2024 年 04 月初版
建議售價：NT$560

國家圖書館出版品預行編目資料

Canva+AI 創意設計與品牌應用 250 招 / 文淵閣工作室編著. --
初版. -- 臺北市：碁峰資訊, 2024.04
　　面；　公分
　　ISBN 978-626-324-805-2(平裝)
　　1.CST：多媒體　2.CST：數位影像處理　3.CST：人工智慧
　　4.CST：平面設計
312.837　　　　　　　　　　　　　　　　　113004505